食品FOP标签系统研究系列丛书

本书得到中国农业科学院科技创新工程资助

U0160805

我国食物营养标签发展对策研究

Study on the Development Strategy of Food Nutrition Labeling in China

黄泽颖　黄家章　著

中国农业出版社

北　京

营养标签是提供食物营养信息和特性的说明，旨在使消费者做出正确的消费决策。整体上，我国营养标签处于起步阶段，体系尚不健全，未能有效发挥健康食品生产与消费的引导作用。

美国是世界上营养标签起步早、类别多、制度比较完善的国家。为完善我国营养标签制度体系，本书梳理美国新旧版营养事实标签以及心脏检查标志、指引星标签、明智选择计划标签、NuVal 评分标签、正面事实标签等包装正面（Front of Package，FOP）标签的营养信息、营养评价标准以及实施效果。结果发现，新版营养事实标签基于美国居民营养状况变化与未来需求，在强制标示的营养成分信息、标签格式、每日推荐摄入量百分比等方面做了大量修订，比旧版营养事实标签更让消费者关注营养信息与改善饮食习惯；美国营养标签实施主体多元，包括政府、企业与非营利性社会组织；FOP 标签的适用性广，可运用于预包装食品、生鲜农产品与菜品；营养事实标签与众多 FOP 标签优势互补，互相支撑，FOP 标签弥补营养事实标签难以理解的不足，营养事实标签为 FOP 标签信息提供设计依据；营养标签逐步电子信息化，为消费者提供更多的食品选购决策支持；现阶段美国 FOP 标签的国际化趋势明显，已从美国推广到其他国家。虽然美国 FOP 标签的实施效果较好，但美国政府对 FOP 标签认证资质规定过于宽松，允许缺乏相关经验的机构开展认证工作，且有效监管缺位，未督促相关机构规范认证程序以及明晰标识使用权限，出现了明智选择计划标签对非健康食品认证而被美国食品和药物管理局停止使用的失败案例。

通过整理我国营养标签的所有标准与法律法规，总结演变规律发现，30 多年来，我国预包装食品营养成分表不断修订完善，由自愿实施向强制实施转变，且启动实施 FOP 标签和餐饮食品营养标识。然而，与美国相比，我国营养标签发展还存在差距，例如，迟迟未开展营养标签立法；尚未在生鲜农产品应用 FOP 标签；在营养成分表强制展示的营养成分信息不够细化；《中国居民膳食指南》缺乏营养标签知识的详细讲解；尚未运用信息技术优化营养标签功能；缺少在国际上推行我国 FOP 标签。

结合美国成功经验，展望我国营养标签发展趋势，共有 5 点对策建议：①新增强制标示的营养成分信息，结合国民营养健康变化调整营养标签信息格式，开发中国居民膳食宝塔移动应用程序提高营养成分表的附加值；②设计营养评价信息与价格一体化的 FOP 标签，适时调整 FOP 标签的营养评价标准以及积极开展科普宣教；③未来我国实施生鲜农产品 FOP 标签，建议以生鲜超市为试点，完善生鲜农产品营养成分数据库以及结合实际设计营养评价标准；④通过政府监管、行业自律以及建立消费者投诉处理机制建立企业 FOP 标签认证监管体系；⑤随着我国逐步放开 FOP 标签市场认证，企业应保护 FOP 标签营养评价标准知识产权，持续更新营养评价标准与重视营养标签社会宣传教育。

关键词：营养标签；营养事实标签；包装正面标签；国际经验；美国

The nutrition labeling is to provide nutrition information and characteristics of food, for the purpose of enabling consumers to make the right consumption decisions. On the whole, nutrition labeling fails to play an effective role in guiding the production and consumption of healthy food due to staying in the initial stage and imperfect system.

The United States is the country whose nutrition labels start early and have lots of categories, relatively perfect system. To improve nutrition labeling system in China, this book studied the nutrition information, nutrition evaluation standard and implementation effects on old and new nutrition facts label and front of package labels such as heart-check mark, guiding stars labeling, smart choices program labeling, NuVal scoring labeling, facts up front labeling. It was found that new nutrition facts label has big revision in terms of mandatory nutritional information labeled, label formats, and daily recommended intake percentage based on U. S. residents changes in nutritional status and the future demand, which attracts customers' more attention to nutrition information and improves better eating habits in comparison with old nutrition facts label; American nutrition labeling is implemented by multiple entities, including the government, enterprises and non-profit social organizations. FOP labels are widely applicable to pre-packaged foods, fresh agricultural products and dishes. The nutrition facts label complements with many FOP labels and support to each other, and FOP labels compensate for lack of understanding of nutrition facts label, which provide the basis for FOP labeling information. Nutrition labeling is of gradually electronic information, to provide consumers with more support for purchase decisions. At present, the United States shows the obvious internationalization trend of FOP labels which has been promoted to other countries. Despite better implementation of FOP labels in the United States, the smart choices program labeling was discontinued for the purpose of certifying unhealthy foods by Food and Drug Administration (FDA) because requirements of the U. S. government for FOP labeling certification were too loose, allowing institutions that lack relevant experience to carry out certification work as well as there was a lack of effective supervision to urge the organization to standardize the certification procedures and clear identification of the labeling usage authority.

By sorting out all standards and laws on nutrition labeling in China, and summarizing the evolution law, it is found that over the past 30 years, the nutrition information table of prepacked food in China has been constantly revised and improved, changing from voluntary implementation to mandatory implementation, and the implementation of FOP labeling and nutrition labeling of catering food has been launched. Compared to the United States, there are still some gaps in the development of nutrition labeling in China, namely nutrition labeling legislation has not been carried out; the FOP labeling has not been applied on fresh agricultural products; more detailed nutrition information has not been forced to show on the nutrition information table; detailed knowledge about nutrition labeling has not been recommended in the *Chinese dietary guidelines*; information technologies have not been used to optimize nutrition labeling; the FOP labeling in China has not been promoted to other countries.

Based on the successful experience of the United States, the development trend of nutrition labeling in China is prospected and there are five advices of countermeasures: ①to add more mandatory nutrition information on the nutrition information table and adjust the format of nutrition labeling information according to the changes of national nutrition and health, and develop the mobile application of dietary pagoda for Chinese residents to improve the added values of the nutrition information table; ②to design FOP labels that integrate nutrition evaluation information with products price, adjust nutrition evaluation standards of FOP labeling timely, and actively carry out publicity and education; ③it is suggested to take fresh food supermarkets as the pilot, and to improve the nutrition database of fresh agricultural products and design the nutrition evaluation standard according to facts if FOP labeling would be applied to fresh agricultural products in China; ④to establish the enterprises' FOP labeling certification supervision system through government supervision, industry self-discipline and consumers' complaint handling mechanism; ⑤it is suggested that Chinese enterprises protect the intellectual property rights and nutrition evaluation algorithm of FOP labeling, and keep updating the nutrition evaluation standard and attach importance to social publicity and education of nutrition labeling with the open FOP labeling certification in China.

Keywords: nutrition labeling; nutrition facts label; front of package labeling; international experience; the United States

　　营养标签看似不起眼，但却是老百姓自我健康管理的重要工具，又是大多数国家的公共卫生干预措施。我国自 1987 年启动营养标签以来，至今已有 35 年，前期发展缓慢，近 10 年发展迅速，不仅要求强制显示营养成分表，而且在餐饮食品推行自愿的营养标识，还有第三方认证的包装正面（FOP）标签。可以肯定的是，全国上下越来越注重饮食健康，营养标签的前景向好。然而，受居民标签使用意识不足，政府监管难度大，企业商业风险感知明显等影响，我国营养标签发展仍比较艰巨。信息全球化让我们看到不少国家的发展亮点，不得不承认，美国营养标签起步早，发展稳健，体系健全，具有广泛的世界影响力。本人撰写《我国食物营养标签发展对策研究》并不是完全肯定美国的实践做法，而是通过系统、全面的案例研究，提炼适合我国营养标签的发展要点，希望本书对食品、卫生领域的政府工作人员、专家学者以及从业人员能有一些思考与启发。

黄泽颖

2021 年 5 月 25 日于北京

CONTENTS 目 录

第一章 引　言

一、研究背景

不健康的饮食方式是冠心病、高血压、糖尿病等慢性非传染性疾病发生的主要危险因素（Abajobir 等，2017）。据统计，2017 年全球 195 个国家共计 1 100 万死亡病例归因于不良饮食，其中，高钠饮食与低全谷物、低水果摄入引发的死亡病例分别高达 300 万例、300 万例、200 万例（Collaborators，2019）。全球不良饮食习惯带来沉重的社会经济负担。据《2020 年世界粮食安全和营养状况报告》显示，非健康饮食方式如果持续下去，产生的死亡和非传染性疾病累计的健康成本将在2030 年预计超过 1.3 万亿美元（FAO 等，2020）。

为引导居民健康饮食，各国政府在科普宣教、健康食品供应等方面纷纷出招。其中，营养标签是向消费者提供食物营养信息和特性的说明，也是消费者直观了解食物营养成分的有效方式之一（Codex Alimentarius Commission，1993），被世界卫生组织（WHO）列为改善居民膳食结构和健康的公共卫生干预措施（World Health Organization，2004）。按照标示位置，营养标签可分为包装背面（Back of Package，BOP）标签和包装正面（Front of Package，FOP）标签（Viswanathan & Hastak，2002）。BOP 标签主要是指含有食品营养成分名称、含量值及其每日推荐摄入量占比的规范性表格，通常标示在包装背面或侧面，是经典常见的营养标签，如我国的营养成分表、美国的营养事实标签（Nutrition Facts Label）、英国的营养声明（Nutrition Declarations）、加拿大的营养事实表（Nutrition Facts Table）、澳大利亚的营养信息板（Nutrition Information Panel）。FOP 标签是食物营养成分与特性的简化信息（World Health Organization，2013），一般显示在包装袋正面或货架前边，使用营养素度量法（Nutrient Profile，NP）模型评价食物的营养价值，主要采用图形、符号帮助消费者快速选择健康食品（Neal 等，2017），如我国的"健康选择"标识、英国的交通灯信号标签（Traffic Light Signpost Labeling）、新加坡的较健康选择标志（Healthier Choices Symbol）。所谓营养素度量法，是指以预防疾病和促进健康为目的，对食物中的营养成分及含量进行分级，是一种既满足人体营养素需求又不超出能量需要的新型评价方法（AzaïS - Braesco 等，2006）。在 FOP 标签领域，营养素度量法模型分为特定营养素体系、总结指示体系和食物类别信息体系（Institute of Medicine，2010）以及混合型体系（王瑛瑶等，2020）。近 30 年，世界营养标签迅速普及，不少国家按照国际食品法典委员会（Codex Alimentarius Commission）的规定制订了 BOP 标签法规和标准，并积极推动 FOP 标签作为 BOP 标签的补充，向消费者传达简单易懂的营养信息。

引导居民合理膳食是《"健康中国 2030"规划纲要》的重要举措。虽然我国居民营养健康状况明显改善，但膳食结构不合理问题突出，超重肥胖与饮食相关慢性病发生形势越加严峻。据《中国居民营养与慢性病状况报告（2020 年）》结果显示，2019 年我国成年居民超重肥胖率超过 50%，比 2012 年至少增加了 8 个百分点；我国因慢性病导致的死亡病例占总死亡人数的 88.5%，比 2012 年增加了 1.9 个百分点，其中，心脑血管病、癌症、慢性呼吸系统疾病的死亡比例高达 80.7%，比 2012 年增加了 1.3 个百分点。全民公共健康问题不仅反映了合理膳食引导措施改进的必要性，也对探索长效营养改善措施和慢性病防控机制提出了迫切需求。

美国是全世界最早标示食物营养标签且相关法规比较完善的国家，对不少国家的食物营养标签制度建立与完善起到导向的作用。早在 1973 年，美国食品药品监督管理局（Food and Drug Administration，FDA）做出了有关食品营养标签的规定，鼓励生产商自愿标示若干营养成分信息。1990 年，美国联邦政府颁布《营养标签与教育法》（Nutrition Labeling Education Act，NLEA），并于 1994 年实施强制性的营养事实标签。随着美国居民饮食习惯改变，2016 年，美国颁布最新食品营养标签法规，修订营养事实标签。同时，美国也是较早关注和实施 FOP 标签的国家，于 1995 年实施心脏检查（Heart‑Check）标志，引导美国居民选购和消费有益心脏健康的食物。在此之后，美国还推广了多款 FOP 标签，如指引星（Guiding Stars）标签、Wellness Keys 标签、合理解决方案标签、明智选择计划（Smart Choices Program）标签、Smart Spot 标签、Giant Food 健康理念标签、Snackwise 标签、NuVal（NuVal Scoring）评分标签、ConAgra Start Making Choices 标签、正面事实（Facts up Front）标签。因此，本书拟对美国营养标签的实践做法进行总结，梳理其成功经验与失败教训，并开展同类或相近营养标签的横向比较，对增强美国营养标签的认知以及开拓发展思路，制定科学权威的营养标签制度，推进健康中国的合理膳食行动提供决策支持。

二、问题的提出

本书拟开展美国营养标签发展经验与对策研究，围绕美国营养标签有哪些经验与教训、我国现行营养标签特征与发展差距、我国营养标签如何优化等核心要点，提出如下 3 个关键问题：

（一）美国营养标签具有代表性，BOP 标签和 FOP 标签有哪些实践经验

现阶段全球人类饮食健康问题凸显，越来越多的国家关注营养标签，并希望产生良好的引导效果。美国等发达国家在营养标签设计、实施与完善等方面积累了大量经验。总体上，美国营养标签的发展经验来自 BOP 标签和 FOP 标签两类，其中，BOP 标签主要是政府主导的营养事实标签，1994 年实施，2016 年首次修订，一直备受世界关注；而 FOP 标签的种类多，适用范围广，比较知名的是心脏检查（Heart‑

Check）标志、指引星（Guiding Stars）标签、明智选择计划（Smart Choices Program）标签、NuVal 评分（NuVal Scoring）标签、正面事实（Facts up Front）标签。那么，针对美国食物营养标签，首先要搞清楚主要实践做法，例如，营养事实标签从 1994 年强制实施以来成效如何，2016 年新修订营养事实标签有哪些不同？上述 5 个 FOP 标签分别在图标、信息内容、营养评价标准等方面有哪些特色，与相近 FOP 标签有哪些不同，以及实施效果如何？

（二）与美国相比，我国现行营养标签存在哪些差距

通过对美国营养事实标签和 FOP 标签开展案例分析有助于掌握美国营养标签发展现状。然而，如果不立足我国营养标签实际情况，则较难靶向性地寻找发展方向。结合国情，比对美国，寻找我国营养标签的发展不足，才能提出适合我国营养标签的发展对策。那么，我国营养标签有怎样的历史沿革与演变规律？当前我国营养标签与美国相比，存在哪些差距？

（三）基于美国经验，我国营养标签该如何实现长足发展

明确我国在营养标签的发展差距是健全营养标签体系，引导居民合理膳食的驱动力。但是，如何完善我国营养标签制度，是借鉴美国经验并运用到实际问题的重点。很明显，我国未来的发展不能照抄照搬美国模式，而是在总结美国成功经验的基础上，对标我国迫切需要解决的难题，那么，该如何对我国的 BOP 标签（营养成分表）和 FOP 标签进行改进，才能有效实施营养标签，改善居民饮食呢？

三、研究目的与意义

他山之石可以攻玉。开展美国营养标签案例研究离不开实践做法总结与发展对策思考，不仅有助于完善我国公共卫生法规政策，而且对提高居民的健康水平与食品行业健康转型有重要意义。

（一）研究目的

围绕了解美国食物营养标签经验教训与对我国的启发，本书有两个研究目的，具体如下：

1. 客观与全面地了解美国营养标签的实践做法

本书分别从营养事实标签、心脏检查标志、指引星标签、明智选择计划标签、NuVal评分标签、正面事实标签的官方网站收集相关数据、资料与新闻报道，并从各标签的信息内容、营养评价标准、实施效果与不足、与相近FOP标签比较等多个方面展开美国营养标签案例研究，旨在客观、全面地掌握美国营养标签的实践做法，总结发展经验与教训。

2. 提出完善我国营养标签的对策建议

基于对美国BOP标签和FOP标签主要经验的总结，本书进一步梳理我国营养标签制度的演变历程与发展规律，立足实际，查找我国营养标签发展差距，提出有针对性、可实操的营养标签发展建议。

（二）研究意义

本书侧重于借鉴美国经验来完善我国的营养标签制度，研究意义主要体现在实践方面，具体如下：

1. 对我国营养标签体系建设有推动作用

营养标签是营养评价标准的实际载体，营养评价标准是否合理有效对发挥营养标签的宣教与引导起到重要的作用。国际先进经验为我国营养标签改进提供参考依据。本书基于美国营养标签实践经验与失败教训，旨在明确我国营养标签的发展方向，并尝试提出针对性的解决方案，这对构建严谨、有效的营养评价标准有着举足轻重的作用。

2. 有助于充分发挥营养标签的合理膳食引导作用

有效实施营养标签不仅能展示食物的营养信息，而且对宣传食物营养知识，鼓励消费者根据营养信息选择适合自身健康需要的食物起到支撑作用。当前，我国慢性病防控工作面临较大挑战，而我国强制实施预包装食品营养标签（营养成分表、营养声称、营养成分功能声称）已超过 8 年[①]，居民的使用程度仍然较低，未能发挥合理膳食引导作用。本书通过总结美国营养标签实践经验，提出我国营养标签发展对策，这对促进国民营养健康和降低慢性非传染性疾病风险有重要意义。

3. 促进更多营养健康食物的有效供给

营养标签的功能不局限于营养信息披露，而是在保障消费者的知情权，指导居民合理膳食的同时，约束食物供应商的生产、加工行为。通过市场需求传导，食物供应商会考虑按照营养标签的营养评价标准改良食物生产以及调整食品配方，使食物供应链朝着健康方向发展。本书分别对美国新旧版营养事实标签和 5 个 FOP 标签的营养评价标准、应用范围进行梳理，并进行中美两国对比，最后提出发展对策，这对促进供应商增加高营养品质与健康食物供给有重要作用。

四、文献回顾

美国强制实施营养事实标签以来，我国关于美国营养标签的案例研究不少，不仅报道与介绍了发展进程与成功经验，而且通过对比分析以及根据我国营养标签发展差距提出解决对策。

为推动我国营养立法，我国一些学者系统介绍了美国联邦政府1990 年颁布的《营养标签与教育法》（曾红颖，2005；张伋等，2011），以及解读了 2016 年 5 月出台的《美国食品营养成分标签新规》（陈晓静，2018），旨在为我国的营养立法提供国际经验。

自 2001 年我国加入 WTO 以来，国内出口到美国的食品种类与数量逐步增加。为应对美国食品营养标签技术贸易壁垒，2001—2007 年

---

① 8 年间，中国营养学会推行了"健康选择"标识（FOP 标签）以及卫健委实施了餐饮食品营养标识，但由于推行时间较短，尚未大范围普及与发挥较大的作用。

其间，国内学者倾向于介绍美国营养事实标签的标示要求，并提出应对措施（杨邦英，2002；李珊珊，2006；郝鑫浩，2007）。

2016 年，美国对《营养标签与教育法》进行修订，实施新版营养事实标签，吸引了众多国内学者开展研究（黄泽颖，2020a），例如，介绍美国新版营养事实标签的信息内容（李帧玉、刘健，2020）、梳理美国营养标签制度演变进程并反思我国营养标签制度的缺陷（冯丽娜等，2019；应飞虎，2020）。还有一些学者围绕美国新版营养事实标签新增的添加糖内容，展开深入的探讨（廖迅，2017；王敏峰、张佳婕，2018），以及基于特定食品（如果汁饮料）比较我国营养成分表与美国新版营养事实标签在营养成分的标示差异（汤玉环、孙丽红，2020）。

虽然我国学者大量关注美国的营养事实标签，但仅有少数学者提到美国 FOP 标签（如指引星标签、智能选择计划标签、NuVal 评分标签）的图标、实施机构、目标营养素/食物组以及营养评价标准（赵佳、杨月欣，2015；王瑛瑶等，2020），但鲜有详细介绍和剖析。究其原因，可能是对美国营养标签体系认识不足，比较忽视 FOP 标签。但实际情况是，自 1989 年世界首个 FOP 标签（瑞典的 Keyhole 标签）实施以来，FOP 标签在全球已流行 30 年以上，在实践中已帮助不少消费者轻松地了解食物的营养信息，并做出健康选择。

近 5 年，我国开始重视 FOP 标签系统建设，将 FOP 标签应用列入政府行动计划，但受到多方利益难以协调的影响，尚未正式启动政府主导的 FOP 标签，现阶段亟须借鉴国际先进经验，为我国 FOP 标签落地实施提供支撑。美国 FOP 标签从 1995 年至今已有 26 年，积累了丰富的实践经验，但也有失败案例。放眼全球，瑞典、英国等国的 FOP 标签虽然在国际上享有盛誉，但在标签的种类、实施主体、适用范围等整体影响力方面略逊色于美国。为弥补我国学者系统分析美国食物营养标签的不足，本书除了对新旧版营养事实标签进行探讨，还重点对美国主要的 FOP 标签进行案例分析，旨为提出适合我国的营养标签体系完善方案。

五、研究内容和技术路线

围绕上述研究问题、目的与意义，本书的研究内容大致分为 4 大部分：

（一）新旧版营养事实标签的对比研究

本书拟从标签格式、内容、实施效果与不足、美国居民膳食指南对其使用建议等方面对 2016 年美国营养标签新法规前后的营养事实标签进行比较，总结营养事实标签的变化和亮点。而且，尝试将我国营养成分表与美国营养事实标签以及中美居民膳食指南对营养标签使用建议进行比较，旨在进一步了解美国营养事实标签的特征与优势。

（二）美国 5 个主要 FOP 标签的特征与实施情况分析

本书分别对心脏检查标志、指引星标签、明智选择计划标签、NuVal 评分标签、正面事实标签 5 个美国主要 FOP 标签的图标、信息内容、营养评价标准、实施效果与不足以及与相关 FOP 标签比较进行系统介绍。

（三）我国营养标签演变规律及与美国的发展差距

本书在凝练美国食物营养标签发展特征的基础上，通过梳理我国营养标签的发展变迁，总结演变规律，并对照我国的发展现状，分析中美两国营养标签领域的发展差距。

（四）我国营养标签的发展对策

本书基于我国营养标签的发展差距，结合美国的成功经验与失败教训，判断我国营养标签可能的发展趋势，提出适合我国的发展对策。

结合研究内容，本书的技术路线图 1-1 如下：

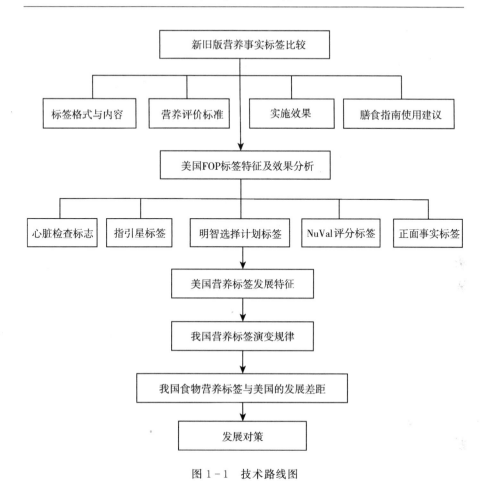

图 1-1　技术路线图

六、可能的创新点与难点

本书以营养标签国际经验为主题，旨在客观、全面、真实地介绍美国的先进经验与不足，为我国营养标签政策制定提供更多的决策支持。然而，美国食物营养标签体系作为一个复杂的系统工程，一是受现有公开资料与数据的制约，二是受分析视角多元的干扰，本书不可能对美国营养标签系统分析得面面俱到，所以，本书既有创新点又有难点。

(一) 可能的创新点

1. 内容创新

基于文献综述可知，我国学者普遍对美国营养事实标签及其修订情况进行研究，而缺乏对美国 1995 年至今主要 FOP 标签的特征和实施情况进行剖析。当前，美国 FOP 标签作为营养标签的重要组成部分，对世界 FOP 标签发展产生深远的影响。本书除了开展美国营养事实标签研究外，还从营养标签图形、营养评价标准、实施效果与不足等方面分别对心脏检查标志、指引星标签、明智选择计划标签、NuVal 评分标签、正面事实标签等美国 FOP 标签进行案例分析，具有一定的内容创新。

2. 视角创新

以往的研究侧重美国营养标签成功经验总结。然而，纵观美国营养标签发展进程，既有成功案例，也有类似于明智选择计划标签的失败案例。如果一味强调美国的成功经验，则会使分析视角片面，容易对美国经验产生盲目崇拜。所以，本书在分析成功经验的同时，也会审视其失败案例和深层次原因，这是本书的另一个视角创新。

(二) 可能的难点

本书开展美国营养标签实践做法分析与我国发展路径研究，虽然仅为定性分析，但营养标签是一个庞大的系统工程，其分析维度较多且复杂，不仅有图标信息、营养评价标准，又有监管、实施、公共服务支撑等运行机制，而且有立法、资金、科技、宣传、人才等保障措施。由于美国营养标签的实施主体多元，没有统一的数据和资料来源，按照上述各个维度不能完全收集数据和资料。

第二章 美国营养事实标签及居民膳食指南使用建议

本章节首先从标签信息、格式、实施效果等层面对修订前后的美国营养事实标签进行解读与比较，然后将我国的营养成分表与美国的营养事实标签作对比，最后解析中美居民膳食指南对营养标签使用建议的异同。

一、新旧版营养事实标签比较

美国营养事实标签与我国的营养成分表类似，主要显示能量与核心营养素信息，但美国营养事实标签强制实施的时间（1994 年）比我国（2013 年）早 19 年，并于 2016 年经历 1 次修订。与旧版营养事实标签相比，新版营养事实标签不仅对标示的信息做了调整，还在居民膳食指南中扩展了使用建议篇幅，致力于提高营养事实标签的消费引导作用。

（一）新旧版营养事实标签的信息特征

1990 年，美国国会通过了世界第一个强制要求实施营养标签的法规——《营养标签与教育法》。为了给美国消费者提供健康食品选购辅助工具，1994 年，美国 FDA 根据《营养标签与教育法》，正式实施营养事实标签，要求在食品包装上标示营养标签。营养事实标签适用于 4 岁及以上人群，包括超重肥胖等慢性病风险人群，但不适用于孕妇和哺乳期妇女、0～3 岁婴幼儿等人群。

自 2008 年奥巴马当选美国总统以后，美国联邦政府希望通过营养标签培养消费者健康的饮食习惯，缓解美国心脏疾病发生风险以及肥胖率过高等问题。FDA 根据最新营养科学信息、新的国家健康和营养调查结果（National Health and Nutrition Examination Survey）（http://www.cdc.gov/nchs/nhanes/）、专家最新饮食建议和公众意见，首次对营养事实标签进行修订，分别于 2014 年 3 月、2015 年 7 月以及 2016 年 5 月发布两项拟议规则、补充建议规则、两项最终规则（《营养成分和营养补充信息标签修订最终法规》《食用分量最终法规》），并于 2018 年 5 月 3 日确定了最终的法规过渡期规则，最终完成营养标签制度改革。

如图 2-1 所示，与旧版营养事实标签相比，新版营养事实标签在声明的营养成分清单、每日摄入量百分比（％Daily Values）、食用分量、格式等方面有重大变动：

图 2-1 美国旧版（左边）和新版（右边）的营养事实标签

图片来源：U. S. Food & Drug Administration（U. S. Food & Drug Administration，2021）。

一是删除个别营养信息：①新的科学研究表明，脂肪类型比脂肪摄入总量更重要，故来自脂肪的能量声明被删除；②维生素 A 和维生素

C 的营养素缺乏症已较少在美国发生，故两类维生素不再强制要求标示。

二是增加营养信息：①富含维生素 D 和膳食钾的饮食可降低骨质疏松症和高血压风险，但美国人一直摄入不足，故此次修订要求标示钾和维生素 D 的含量；②FDA 承认添加糖（用于提供口味和颜色）是健康饮食模式的一部分，但如果摄入过量，就很难同时摄入足够膳食纤维、人体所需维生素和矿物质的食物。而且，2015 年《美国居民膳食指南》建议从添加糖摄入的能量不超过每日能量摄入量的 10%，故新标签要求强制声明添加糖（是指在加工过程中添加的糖，如糖浆、果糖等非天然糖分）的含量和每日推荐摄入量占比。可见，新标签重点鼓励居民选择富含维生素 D、膳食钾以及低添加糖含量的食品。所以，新标签从原先强制显示"1"（能量）＋"13"（脂肪、饱和脂肪酸、反式脂肪酸、胆固醇、总碳水化合物、糖、膳食纤维、蛋白质、维生素 A、维生素 C、钠、钙和铁）的营养成分信息转为"1"（能量）＋"14"（脂肪、饱和脂肪酸、反式脂肪酸、胆固醇、总碳水化合物、总糖、添加糖、膳食纤维、蛋白质、维生素 D、钾、钠、钙和铁）。

三是更新每日推荐摄入量：根据美国医学研究所（Institute of Medicine）最新科学证据，新标签对钠、膳食纤维和维生素 D 等营养成分的每日推荐摄入量进行更新，例如，钠的每日推荐摄入量从 2 400mg 略微下降到 2 300mg；膳食纤维的每日推荐摄入量从 25g 增长至 28g①。

四是更新食用分量：营养事实标签对指导消费者的食用分量具有重要作用。新版营养事实标签对居民的食用分量要求严格，规定食品或饮料的分量必须真实反映消费者的食用分量，而不是每日推荐摄入量。美国的许多食物分量偏小但实际摄入量较大，为解决该问题，让消费者清楚地了解自己的实际摄入量，此次营养标签制度修订对食物分量的确定

---

① 很显然，美国高度重视低钠、高膳食纤维饮食，普遍居民的膳食纤维每日推荐摄入量修改提升到 28g，比我国膳食纤维的推荐摄入量 25g（营养素参考值）高 3g。

方式进行重新规定，尤其针对冰淇淋、软饮料。例如，冰淇淋从 1/2 杯（200cal）转为 2/3 杯（270cal）；软饮料从 12 盎司（120cal）转变为 20 盎司（200cal）。

五是修改标签格式：①为方便消费者阅读营养标签信息，新版营养事实标签加大了包装食品份数（Serving Per Container）、食用分量（Serving Size）、卡路里（Calories）的字体大小，使重要的营养信息更加醒目。②在标签的脚注解释了每日推荐摄入量占比的含义，即一份食物中的营养素对日常饮食的贡献。③为制造商提供垂直格式、表格格式、简化格式、中小型包装格式、婴幼儿格式等 15 种可选标签格式。

为有序推进新版营养事实标签实施，美国 FDA 对食品企业做了不同的规定，例如，年食品销售额在 1 000 万美元以上与低于 1 000 万美元的企业被分别要求在 2020 年 1 月 1 日前、2021 年 1 月 1 日前启动新版营养事实标签应用；大多数单成分糖如蜂蜜和枫糖浆，以及蔓越莓产品企业被要求在 2021 年 7 月 1 日前完成营养标签更新。而且，新的标签规定同样适用于出口到美国的食品。

"我的餐盘"是美国农业部设计的一款手机应用程序（MyPlate Application），可根据消费者的年龄、性别、体重、身体活动水平制定个性化食物计划，帮助计算每日推荐摄入的能量，并确立具体食物组（蔬果类摄入量应该占餐盘的 1/2，其中蔬菜的占比应高于水果；谷类和蛋白质类食物也占餐盘的 1/2，谷类食物比例应高于高蛋白质食物）的摄取目标。营养事实标签为"我的餐盘"（MyPlate）提供支撑（图 2-2），居民可使用营养事实标签了解包装食品和饮料中的能量和营养成分，合理安排个人每日能量与营养成分摄入。2020 年 3 月 11 日，FDA 启动了新版营养事实标签教育活动，以提高消费者对新版营养事实标签的认识。例如，科普营养事实标签的快速阅读技巧，让消费者掌握检查食用分量，关注能量，查看每日推荐摄入量百分比，查看限制性营养成分与鼓励性营养成分等标签阅读技巧。

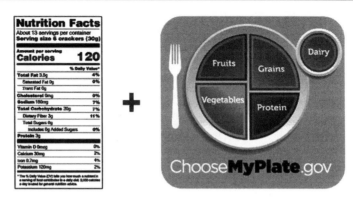

图 2-2　营养事实标签与"我的餐盘"

图片来源：U. S. Department of Agriculture（U. S. Department of Agriculture，2020）。

（二）新旧版营养事实标签实施效果与不足

学者们普遍基于随机抽样调查和随机对照试验获得美国营养事实标签实施的成效与不足（表 2-1）。总体上，与旧版营养事实标签相比，新版营养事实标签的实施效果较佳，不足较少。具体而言，老人、慢性病患者等特殊人群以及受教育程度高的消费者（Hess 等，2005；Blitstein & Evans，2006）倾向于使用旧版营养事实标签，但普通消费者对标签信息不大理解，应用率不高。新版营养事实标签能让消费者关注信息与改善饮食习惯，但仍存在不能有效使用添加糖信息等难题。

表 2-1　新旧版营养事实标签的实施效果与不足

旧版营养事实标签			新版营养事实标签		
效果	不足	文献	效果	不足	文献
标签能帮助老年人识别健康食品和保护健康		Byrd - Bredbenner & Kiefer （2001）	消费者使用标签能促进健康饮食		Kollannoor - Samuel 等 （2017）
	消费者缺乏对标签信息的理解和应用	Schor 等 （2010）	使用标签的消费者摄入足量的水果、蔬菜和全谷物与少量的含糖饮料		Christoph 等 （2018a）

（续）

旧版营养事实标签			新版营养事实标签		
效果	不足	文献	效果	不足	文献
被建议改变饮食习惯的慢性疾病患者倾向于阅读标签，摄入较少的能量、饱和脂肪酸、碳水化合物、糖以及较多的纤维		Post 等（2010）	使用标签的消费者有更高的饮食质量		Buyuktuncer 等（2018）
高血压患者倾向于使用标签获取食物钠含量信息	高血压患者使用标签不能减少钠摄入量	Elfassy 等（2014）	消费者能较好地定位和提取标签中的添加糖信息		Khandpur 等（2020）
	16～24 岁青少年对标签的膳食纤维食用量和每日推荐摄入量比较困惑	Erin 等（2016）		消费者很难正确地使用更新的标签信息，尤其是总糖和添加糖信息	Kim 等（2020）
使用标签的消费者倾向于健康体重控制		Christoph 等（2018b）	消费者比较关注标签营养信息	阅读标签不影响饮料选择	Neuhofer 等（2020）

（三）与营养事实标签相关的美国 FOP 标签

1995 年，美国实施了首个 FOP 标签（心脏检查标志），至今与营养事实标签相关的 FOP 标签主要是指引星标签、正面事实标签（表 2-2）。营养素度量法方面，指引星标签采用总结指示体系，以评级图形显示食品的整体营养价值，星级越多，健康程度越高；正面事实标签采用特定营养素体系，列出若干关键营养成分的单位含量及其每日推荐摄入量占比，方便消费者快速获取想要的营养信息。这两个 FOP 标签均以营养事实标签的信息作为标签设计依据。区别的是，指引星标签以营养事实标签的全部信息作为营养评价标准的设计依据，而正面事实标签仅强制标示能量、饱和脂肪酸、钠、糖等信息，营养事实标签显示的其他营养成分信息则可以选择标示。有趣的是，当食品包装袋同时有 FOP 标签与营养事实标签时，一些消费者倾向于使用营养事实标签。相比正面事实标签，消费者认为营养事实标签更值得信赖且对购买决策产生作用（Emrich 等，2014）。但是，一些消费者认为 FOP 标签比营养事实标签更具吸引力（Graham 等，2015），倾向于使用营养事实标签。另调查发现，FOP 标签与营养事实标签互补，当包装袋有 FOP 标签时，美国消费者才有可能阅读营养事实标签（Schor 等，2010）。

表 2 - 2　与营养事实标签相关的美国 FOP 标签

FOP 标签	推行时间	推行机构	作用	与营养事实标签的联系	图形
指引星标签（Guiding Stars Licensing Company，2021）	2006 年	指引星认证企业	以 0～3 颗星显示，以维生素、矿物质、纤维、ω-3 脂肪酸、饱和脂肪酸含量为评价指标	依据预包装食品的营养事实标签信息作为星级评价依据	
正面事实标签（The Joint Initiative of the Grocery Manufacturers Association and the Food Marketing Institute，2010）	2011 年	杂货制造商协会和食品营销研究所	显示每份食品能量、饱和脂肪酸、钠、糖的含量及其每日推荐摄入量占比	简化的营养事实标签，从营养事实标签选取营养成分的信息进行标示	

（四）我国营养成分表与美国营养事实标签比较

我国预包装食品营养标签包括营养成分表、营养声称、营养成分功能声称，其中，营养成分表是对食品中营养成分名称、含量和所占营养素参考值（Nutrient Reference Values，NRV）百分比进行标示的规范性表格。我国营养成分表和美国营养事实标签都属于纸质媒介，标示在食品包装背面（表2-3）。区别的是，我国营养成分表强制实施的时间（2013年）滞后于美国，且尚未实施修订的营养成分表（表2-4）。食品计量单位方面，我国是100g/mL，而美国以一份食物为计量单位，让消费者有直观感受；营养参照尺度方面，我国采用国际食品法典委员会推荐的营养素参考值，而美国营养事实标签是每日参考摄入量，区别的是，营养素参考值百分比是100g/mL食品中营养素的含量占人体一天内应摄入的营养素量比例，而每日推荐摄入量百分比是一份食物中每种营养素的摄入量占每天应摄入量的比例。但是，营养素参考值与每日摄入量均属于消费者饮食健康管理的重要工具。此外，中美两国的食物营养声称标准有所不同，《预包装食品营养标签通则》（GB 28050—2011）的《附录C能量和营养成分含量声称和比较声称的要求、条件和同义语》规定，固体食品每100g的含量≥20% NRV、30% NRV、30% NRV，分别可确认为高蛋白质、高维生素与高矿物质食品。然而，根据2015年膳食指南咨询委员会（Dietary Guidelines Advisory Committee）规定，每日推荐摄入量百分比可用来确定一份食物中某一种营养成分含量，如果低于5%的每日推荐摄入量，则是低饱和脂肪酸、低钠和低添加糖，而高于20%的每日推荐摄入量则是富含膳食纤维、维生素D、钙、铁和钾。营养成分方面，即使我国营养成分表经历修订，但拟强制标示的营养成分仅有蛋白质、脂肪、饱和脂肪酸、碳水化合物、糖、钠6个，与美国相比，我国要求标示的营养信息不够细化，缺乏反式脂肪酸、胆固醇、维生素C、铁、膳食纤维等信息。

表2-3 营养成分表范式

项目	每100g或100mL或每份	营养素参考值%或NRV%
能量	KJ	%

（续）

项目	每 100g 或 100mL 或每份	营养素参考值%或 NRV%
蛋白质	g	%
脂肪	g	%
碳水化合物	g	%
钠	mg	%

资料来源：《预包装食品营养标签通则》（GB 28050—2011）。

表 2-4　我国营养成分表与美国营养事实标签的区别

项目	营养成分表	营养成分表（征求意见稿）	旧版营养事实标签	新版营养事实标签
实施日期	2013 年	尚未公布	1994 年	2016 年
实施部门	国家卫健委	国家卫健委	美国 FDA	美国 FDA
食品计量单位	100g/mL	100g/mL	食用分量（杯、汤勺、片、罐等）	食用分量（杯、汤勺、片、罐等）
营养参照尺度	营养素参考值	营养素参考值	每日摄入量	每日摄入量
强制标示的营养成分	碳水化合物、蛋白质、脂肪、钠	蛋白质、脂肪、饱和脂肪酸、碳水化合物、糖、钠、维生素 A、钙	脂肪、饱和脂肪酸、反式脂肪酸、胆固醇、总碳水化合物、糖、膳食纤维、蛋白质、维生素 A、维生素 C、钠、钙、铁	脂肪、饱和脂肪酸、反式脂肪酸、胆固醇、总碳水化合物、总糖、添加糖、膳食纤维、蛋白质、维生素 D、钾、钠、钙、铁

二、中美居民膳食指南对营养事实标签的使用建议

膳食指南是健康教育和公共营养政策的基础性文件，是国家推动实现食物合理消费、改善人群健康的重要组成部分（杨月欣，2014）。美国是世界上较早发布居民膳食指南的国家之一，1977 年至今，美国农业部和卫生与公众服务部每 5 年修订一次膳食指南。由于具有较强的权威性、科学性与严谨性，对其他国家膳食指南的制修订也有借鉴意义。

（一）美国居民膳食指南的使用建议

从《美国居民膳食指南（1995年）》开始，美国共有6版膳食指南提及营养标签使用建议，且多数有营养标签介绍（表2-5），其特点可总结为四个方面：

一是营养标签使用建议因指南关键推荐不同而异。区别于往年膳食指南（服务2岁以上健康人群），《美国居民膳食指南（2020—2025年）》强调全生命周期各类人群的健康膳食模式，围绕婴幼儿、怀孕和哺乳妇女应补充的营养素，提出了阅读营养事实标签选择铁强化奶粉、补碘食品等建议。而且，1995年、2000年、2020—2025年指南关于糖适量摄入的推荐，均有使用营养事实标签查阅添加糖含量的建议。

二是提醒居民关注营养事实标签的食用分量。在美国，营养事实标签会标注每件食品的总份数（如图2-1的8 servings per container）以及每份重量（如图2-1的2/3杯或55g）。而且，标签中的能量与营养素含量信息均根据每份食品计算（amount per serving）。因此，1995年、2000年、2005年、2020—2025年的膳食指南建议美国居民了解营养事实标签的食用分量，勿将食用分量当作每日推荐摄入量。

三是建议查阅营养事实标签选择低能量、低饱和脂肪酸、低胆固醇、低钠的食品。过多摄入能量、饱和脂肪酸、胆固醇、钠盐不利于个人健康。自1995年以来，美国历次膳食指南均建议居民使用营养事实标签查看食品的能量、饱和脂肪酸、胆固醇、钠的含量值，尤其是冷冻和罐装水果、现成蔬菜（如蔬菜沙拉）、人造黄油等产品。

四是加大营养事实标签科普宣教。美国居民膳食指南多次介绍营养标签，从一开始的示意图（如介绍营养事实标签的组成部分与阅读技巧），到在附录中进行详细介绍，最后提示链接网址。而且，2016年美国实施新版营养事实标签，在营养成分清单、每日推荐摄入量百分比、食用分量、格式等方面做了修订（图2-1），据此，2020—2025年的居民膳食指南同样做了解释。

表 2-5 历次美国居民膳食指南对营养标签使用建议

历次美国居民膳食指南	关键推荐	建议使用营养标签	营养标签介绍
《美国居民膳食指南（1995年）》(U. S. Department of Agriculture and U. S. Department of Health and Human Services, 1995)	针对 2 岁及以上居民，提倡食物多样性，吃动平衡与低脂低胆固醇，适宜糖与盐摄入量	1) 提醒居民勿将营养事实标签的食用分量（serving size）视为每天推荐摄入量； 2) 建议阅读营养事实标签识别能量、低钠、低胆固醇、低饱和脂肪酸、含钙、含铁以及含糖适量的食物； 3) 建议选购冷冻和罐装水果和蔬菜	列出营养事实标签示意图，介绍食用分量、脂肪供能、主要营养素、每日推荐摄入量占比
《美国居民膳食指南（2000年）》(U. S. Department of Agriculture and U. S. Department of Health and Human Services, 2000)	针对 2 岁及以上居民，提出个人与家庭健康的 ABC 法则（Aim for Fitness, Build a Healthy Base, Choose Sensibly)，提倡有关注重健康体重与日常身体锻炼，摄入全谷物食品、多种蔬果以及低饱和脂肪酸、低胆固醇、低盐、适量糖、适量脂肪的食物	1) 查看营养事实标签了解食品分量； 2) 使用营养事实标签选择富含膳食纤维、低饱和脂肪酸、低胆固醇、低钠的食物； 3) 使用营养事实标签比较食物的糖含量； 4) 采用营养事实标签选择低钠、低饱和脂肪酸的现成蔬菜（如蔬菜沙拉） 5) 通过营养事实标签查看加工食品的钠的含量，选择（每日推荐摄入量占比低于 5%）的低钠食品	列出营养事实标签示意图，介绍营养事实标签，先阅读该营养素顺序，然后依次是限制性营养成分，致励与分摄脚注
《美国居民膳食指南（2005年）》(U. S. Department of Agriculture and U. S. Department of Health and Human Services, 2005)	针对 2 岁及以上居民，注重每日所需能量的营养素摄入，做好食用体重管理与身体锻炼，全谷物	1) 使用营养事实标签关注食用分量单位； 2) 查阅营养事实标签选择低饱和脂肪酸、低胆固醇的食物； 3) 查看营养事实标签控制每日饱和脂肪酸摄入量，将总热量摄入量控制在 10%以下； 4) 阅读营养事实标签比较食品钠含量，选择低钠食品	无

（续）

历次美国居民膳食指南	关键推荐	建议使用营养标签	营养标签介绍
《美国居民膳食指南（2010年）》（U. S. Department of Agriculture and U. S. Department of Health and Human Services, 2010）	针对 2 岁及以上居民，关注营养丰富的健康饮食模式	1）使用营养事实标签查看食物的能量信息帮助消费者控制摄入量； 2）建议查看营养事实标签的钠的含量信息来低钠食品； 3）使用营养事实标签比较和选择富含膳食纤维的全谷物产品	在附录大篇幅介绍营养事实标签
《美国居民膳食指南（2015—2020年）》（U. S. Department of Agriculture and U. S. Department of Health and Human Services, 2015）	针对 2 岁及以上居民，培养健康饮食模式，注重食物品种、营养密度和数量，限制来自饱和脂肪酸的能量与摄入量	1）使用营养事实标签比较罐装海鲜食品钠含量，控制每日钠摄入量； 2）阅读营养事实标签选择低饱和脂肪的食品，将饱和脂肪酸的摄入量控制在每天所需能量的 10% 以内	无
《美国居民膳食指南（2020—2025年）》（U. S. Department of Agriculture and U. S. Department of Health and Human Services, 2020）	关注美国人在生命每个阶段（婴幼儿、儿童、青少年、成年人、怀孕和哺乳妇女、老年人）的膳食模式	1）提醒居民勿将营养事实标签的食用分量（serving size）视为每日推荐摄入量； 2）对于 6 个月大的婴儿奶粉； 3）建议 19～59 岁居民阅读营养事实标签查看饮料中糖含量； 4）建议怀孕和哺乳妇女查看营养事实标签购买含碘量高的食物	介绍新版营养事实标签与关键变化，并附带营养事实标签介绍的网站链接

（二）中国居民膳食指南的使用建议

由于我国强制执行食品营养标签较晚（2013 年），2016 年《中国居民膳食指南》首次对预包装食品营养标签进行科普（表 2 - 6），宣传营养标签是选择健康食品的好助手，并附带某产品的营养标签示意图，采用桌面推演方式介绍营养成分表、营养声称以及营养成分功能声称，但缺乏阐明营养标签使用技巧和解读营养素参考值等专业术语，实际指导作用有待加强。从 1997 年起，我国关注生命全周期各人群的营养问题，并发布了特定人群膳食指南，其中，《学龄儿童膳食指南（2016）》建议学龄儿童喝饮料时查看营养成分表选择低糖饮料。

表 2 - 6　我国居民膳食指南对营养标签的使用建议

膳食指南	关键推荐	营养标签使用建议	营养标签介绍
《中国居民膳食指南（2016）》	食物多样，谷类为主；吃动平衡，健康体重；多吃蔬果、奶类、大豆；适量吃鱼、禽、蛋、瘦肉；少盐少油，控糖限酒；杜绝浪费，兴新食尚	在"杜绝浪费，兴新食尚"的推荐条目中，提示居民购买食品时，要学会查看营养标签，逐渐了解食品中油、盐、糖的含量，并做到聪明选择、自我控制。提示阅读营养标签时，要关注无糖、无盐、无脂、低糖、低盐、低脂等营养声称	显示某饼干的营养标签示意图，指出哪些是营养声称、营养成分功能声称、营养成分表；哪些营养素是强制标示与自愿标示以及营养素参考值
《学龄儿童膳食指南（2016）》	认识食物，学习烹饪，提高营养科学素养；三餐合理，规律进餐，培养健康饮食行为；合理选择零食，足量饮水，不喝含糖饮料，禁止饮酒	建议学会查看营养成分表，选择"碳水化合物"或"糖"含量低的饮料	无

资料来源：中国营养学会（2016a）和中国营养学会（2016b）。

三、本章小结

本章基于美国 1990 年和 2016 年颁布的《营养标签与教育法》《美国食品营养成分标签新规》，从营养成分、营养评价标准、实施效果等层面对比新旧版营养事实标签，且梳理 1995 年以来 6 版美国居民膳食指南关于营养事实标签的使用建议发现，美国新版营养事实标签删除了来自脂肪的能量值、维生素 A 和维生素 C 等营养信息，增加了钾和维生素 D 等营养信息，更新钠、膳食纤维和维生素 D 等营养成分的每日推荐摄入量，更新食用分量以及修改标签格式，比旧版营养事实标签获得更好的实施效果，能让消费者关注信息与改善饮食习惯，但仍存在不能有效使用添加糖信息等难题。美国共有 6 版居民膳食指南提及营养标签使用建议，具有因指南关键推荐不同而异、提醒居民关注营养事实标签的食用分量、建议查阅营养事实标签选择低能量、低饱和脂肪酸、低胆固醇、低钠的食品以及加大营养事实标签科普等特点。相比之下，我国居民膳食指南缺乏阐明营养标签使用技巧和解读营养素参考值等专业术语，实际指导作用不强。

第三章 美国 FOP 标签的
实践经验分析

上一章对美国新旧版营养事实标签及居民膳食指南对其使用建议进行剖析。本章从标签图标、营养信息、营养评价标准、实施效果、相近 FOP 标签比较等多个层面分别对心脏检查标志、指引星标签、明智选择计划标签、NuVal 评分标签、正面事实标签进行案例分析。

一、心脏检查标志认证产品与实施效果

作为最早实施 FOP 标签的行业协会，美国心脏协会实施心脏检查（Heart－Check）标志已超过 25 年，积累了丰富的实践经验。因此，本书拟从心脏检查标志官方网站（https：// www. heartcheckmark. org）收集资料信息，开展案例分析。

（一）心脏检查标志实施原因

美国心脏协会是国际非营利组织，于 1924 年在纽约市成立，是国际学术界影响较大、历史最悠久、心脏病学领域比较重要的心血管学术权威组织，以倡导健康生活，远离心血管疾病和中风为使命，致力于心脏病和卒中的预防与治疗，提供相关继续教育、流行病学年度报告。心脏病是美国人死亡的主要原因，但健康的饮食可以显著降低疾病风险（Horn 等，2016）。为了让消费者遵循有利于心脏健康的饮食模式，对购买的食物做出知情选择，美国心脏协会于 1995 年设计了心脏检查标志，以"符合心脏健康食品的标准"（Meets Criteria For Heart－Healthy Food）为标签口号（图 3－1）。心脏检查标志由美国心脏协会科学认证，符合美国心脏协会对美国人整体健康饮食模式的建议，鼓

励食品制造商向公众提供更健康的产品，鼓励人们选择更健康的食物。但是，心脏检查标志的食物并不能适用于任何特定情况或疾病，有特殊医疗需要或饮食限制的居民食用该标志的食物应遵循医护人员的建议。

图 3-1 心脏检查标志

图片来源：American Heart Association（2020a）。

1. 心脏检查标志特点

心脏检查标志具有科学依据、标准透明且监管严格等特点。具体而言，美国心脏协会作为心脏检查标志的认证方深受居民信任，标志使用的营养评价标准依据美国心脏协会的科学声明和建议，且在官方网站（https：//www. heart. org）公开。心脏检查标志出现在包装袋正面、货架与菜单，容易引起消费者注意。心脏检查标志的申请与审核程序严格，食品供应商的产品申请心脏检查标志要向美国心脏协会缴纳审理费用，由协会工作人员确认产品是否符合营养评价标准。如果产品的脂肪、饱和脂肪酸、胆固醇、反式脂肪酸、钠含量为 0 或接近 0，美国心脏协会会邀请第三方机构进行实验测试，判断含量数据是否造假。如果产品符合标准，食品供应商还要提交包装与促销活动使用标志的申请，获批后才能被使用，但供应商在后期有义务确保产品一直符合标准，并要定期更新认证。

2. 心脏检查标志与相关 FOP 标签比较

心脏检查标志采用总结指示体系营养素度量法，用一个符号概括食品的整体营养状况，不展示具体营养成分及其含量信息，而且采用阈值法，如果食品的主要营养素含量能满足界限值，即可标示心脏检查标志。这款类似的 FOP 标签还有瑞典的 Keyhole 标签、新加坡的较健康选择标志、美国的明智选择计划标签、加拿大的健康检查、荷兰的选择标识以及我国的"健康选择"标识，其中，明智选择计划标签和健康检查标签已被停止使用。表 3-1 所示的 7 款 FOP 标签分别用红心带白色

勾、锁孔、金字塔、勾选图形（绿色、蓝色、白色）表示，与其他 6 款
标签不同的是，我国的"健康选择"标识不考虑鼓励性营养成分，仅考
虑限制性营养成分，且未在生鲜农产品、菜品推广应用。

表 3-1　主要营养素阈值的总结指示体系 FOP 标签

FOP 标签	国家	发起机构	实施时间	简介	适用范围
心脏检查标志	美国	美国心脏协会	1995 年	用红心带白色勾图形显示，表示维生素 A、维生素 C、铁、钙、蛋白质、膳食纤维、总脂肪、饱和脂肪酸、反式脂肪酸、钠含量均衡食品	生鲜农产品、预包装食品、菜品
Keyhole 标签（黄泽颖，2020b）	瑞典	瑞典食品管理局	1989 年	用锁孔图形显示，表示高膳食纤维、低脂、低糖、低添加糖、低盐食品	生鲜农产品、预包装食品、菜品
较健康选择标志（黄泽颖，2020b）	新加坡	健康促进局	1998 年	用金字塔图形显示，表示脂肪、饱和脂肪酸、反式脂肪酸、钠、总糖、膳食纤维、全谷物含量均衡食品	生鲜农产品、预包装食品、菜品
加拿大的健康检查（Health Check TM Program，2014）	加拿大	加拿大心脏和中风基金会	2008 年	食品的营养成分含量应符合加拿大的膳食指南	生鲜农产品、预包装食品、菜品
明智选择计划标签（Lupton 等，2010）	美国	非营利性组织 Keystone Center	2009 年	用绿色勾选图标显示。要求限制性营养成分、鼓励性营养成分/食物组同时达到营养评价标准	生鲜农产品、预包装食品、菜品
选择标识（Choices International Foundation，2014）	荷兰	选择国际基金会	2006 年	用勾选图形显示，表示脂肪、钠、纤维、微量元素含量均衡食品	生鲜农产品、预包装食品、菜品

（续）

FOP 标签	国家	发起机构	实施时间	简介	适用范围
"健康选择"标识（王瑛瑶等，2020）	中国	中国营养学会	2019 年	用绿色勾选图形显示低脂低钠低糖食品	预包装食品

（二）心脏检查标志的营养评价标准与应用的产品

1. 心脏检查标志的营养评价标准

大体上，心脏检查标志的营养评价标准有 3 个要求：①食物的 6 种鼓励性营养成分（维生素 A、维生素 C、铁、钙、蛋白质、膳食纤维），其中至少有一种达到每日推荐摄入量的 10% 及以上。②每份食物的总脂肪＜6.5g，饱和脂肪酸≤1g，饱和脂肪酸所含能量的比例≤15%；每份食物的反式脂肪酸＜0.5g，不含植物奶油、植物黄油等氢化油；每份食物的胆固醇＜20mg。③根据食品类别，每份食物的钠含量不超过480mg。对于具体食物，全谷物食品、谷类零食、食用油、肉类及海产品、蔬果制品、坚果、饮品还设有专门的营养评价标准，如表 3－2所示。

表 3－2　各类食物（品）的心脏检查标志营养评价标准

食物（品）	营养评价标准
全谷物食品	全谷物含量≥51%；最低膳食纤维（仅来自全谷物）1.7g/30g
谷类零食	脂肪 6.5g/RACC（美国农业部的习惯使用参考量）；饱和脂肪酸≤1.0g/RACC，饱和脂肪酸能量≤15%；反式脂肪酸≤0.5g/RACC；胆固醇≤20mg/RACC；钠≤140mg/份；维生素 A、维生素 C、铁、钙、蛋白质、膳食纤维至少一种达到每日推荐摄入量的 10% 及以上
食用油	饱和脂肪酸：橄榄油、玉米油、大豆油≤4g/份，菜籽油≤1g/份和 15% 或更少的能量来自饱和脂肪酸；反式脂肪酸≤0.5g/50g；胆固醇≤20mg/50g
肉类及水产品	总脂肪＜5g/100g；饱和脂肪酸＜2g/100g；反式脂肪酸＜0.5g/份；胆固醇＜95mg/100g；维生素 A、维生素 C、铁、钙、蛋白质、膳食纤维至少一种达到每日推荐摄入量的 10% 及以上。此外，加工肉类不允许烟熏、腌制、盐腌或使用亚硝酸盐

（续）

食物（品）	营养评价标准
蔬果制品	总脂肪≤13g；饱和脂肪酸≤1g，所含能量占比≤15%；反式脂肪酸<0.5g；胆固醇≤20mg；钠≤140mg
坚果	饱和脂肪酸≤4g/50g；反式脂肪酸≤0.5g/份；钠≤140mg/份；维生素 A、维生素 C、铁、钙、蛋白质、膳食纤维至少一种达到每日推荐摄入量的 10% 及以上
饮品	果汁能量≤3.69J/g；果汁添加糖≤8g/份。牛奶和牛奶替代品能量≤2.40J/g。酸奶添加糖≤20g/份

数据来源：American Heart Association（2020a）。

2. 心脏检查标志的食物与食谱

心脏检查标志可应用于预包装食品、生鲜农产品以及菜品，覆盖谷物、蔬菜、水果、鱼、畜禽肉、蛋、奶类、豆类、食物油等多种食物，且产品列表每月更新两次，以 PDF 格式发布，详情可见美国心脏协会官方网站（https://www.heartcheckmark.org）（American Heart Association，2020b）。原则上，心脏检查标志不用于酒精饮料、糖果、蛋糕、膳食补充剂以及含植物奶油、植物黄油等氢化油食物、医疗食品。

为帮助居民居家烹饪有益于心脏的食物，美国心脏协会开发了心脏检查标志的系列食谱，涵盖开胃菜、面包（松饼、速食面包、酵母面包）、甜点、主菜（含有 ω-3 脂肪酸的鱼、肉类、家禽、沙拉、海鲜、汤）、配菜和汤，介绍制作每道菜的配料和烹调方法。食谱只要符合心脏检查标志关于能量、钠、饱和脂肪酸和反式脂肪酸的营养评价标准（表 3-3），即可标示标签。目前，获得心脏检查标志的食谱有印度式炒鸡蛋、南瓜面条、蔬菜馅饼、奶油甘薯牛油果汤、马铃薯碎早餐沙拉、印度牛腩牛排配米饭等。

表 3-3　心脏检查标志食谱的营养评价标准（每份）

食谱	能量（J）	钠（mg）	饱和脂肪酸（g）	反式脂肪酸（不含部分氢化油或含其成分的产品）（g）	添加糖（茶匙）
开胃菜、汤、沙拉、配菜、松饼/快速面包和酵母面包	≤1 047.5	≤240	非肉类/鱼类/海鲜≤2.0 含肉/鱼/海鲜≤3.0	0.5	≤2

（续）

食谱	能量（J）	钠（mg）	饱和脂肪酸（g）	反式脂肪酸（不含部分氢化油或含其成分的产品）（g）	添加糖（茶匙）
主菜、主菜沙拉、主菜汤	≤2 095.0	≤600	≤3.5	0.5	≤2
肉类和家禽主菜及海鲜主菜	≤1 466.5	≤360	牛肉、家禽、猪肉等≤3.0 鱼或海鲜≤4.0	0.5	≤2
鱼主菜	≤1 466.5	≤360	≤5.0	0.5	≤2
甜点	≤838.0	≤240	≤2.0	<0.5	≤2

数据来源：American Heart Association（2020b）。

（三）心脏检查标志的实施效果

心脏检查标志实施 25 年来，有近 1 000 种食物获得心脏检查标志认证。为了解心脏检查标志实施效果，学术界开展了美国消费者市场调查（表 3-4、表 3-5 以及表 3-6）。关于哪个机构或个体推行的营养标签比较可信，学者 Johnson 等（2015）调查了 1 008 个美国居民发现（表 3-4），近 60%的受访者最信任美国心脏协会的心脏检查标志，人数超过美国糖尿病协会（47%）、美国食品药品监督管理局（45%）、美国农业部（43%），这表明，相比政府部门，美国居民倾向于信任行业协会，尤其是美国心脏协会。

表 3-4　1 008 个美国受访者对不同食品标签实施机构的信任情况

机构与个体	样本量	比例（%）
美国心脏协会	595	59
美国糖尿病协会	474	47
美国食品及药物管理局	454	45
美国农业部	433	43
科学家与营养学家顾问组	333	33
消费者权益保护组织	252	25
杂货零售商	71	7

（续）

机构与个体	样本量	比例（%）
制造商	71	7
食品行业代表	40	4

数据来源：Johnson 等（2015）。

为调查美国居民对心脏检查标志的使用态度（表 3-5），在 2 887 个受访者中，有 50% 以上居民认可心脏检查标志的作用，认为食用心脏检查标志产品有益于心脏（85%），比其他产品更为健康（76%）。

表 3-5　2 887 个受访者对心脏检查标志作用的认可情况

是否认可心脏检查标志的作用	样本量	比例（%）
心脏检查标志的产品有益于心脏	2 454	85
心脏检查标志的产品比较健康	2 194	76
心脏检查标志在产品包装袋上醒目	2 021	7
心脏检查标志的产品值得信任	1 819	63
心脏检查标志的产品符合膳食需求	1 819	63
心脏检查标志的产品符合注重体重管理的群体	1 703	59
心脏检查标志的产品质量高	1 674	58

数据来源：Johnson 等（2015）。

见表 3-6，在 503 个美国受访者中，大多数对心脏检查标志的评价较高，消极评价较少，约 40% 受访者对标签失去信心，还有 30% 左右的受访者认为心脏检查标志产品价格昂贵且味道欠佳。心脏检查标志的产品不仅能获得美国居民的认可，而且认为经常食用有助于降低消费者的心血管疾病风险。例如，Lichtenstein 等（2014）对 11 296 名美国男性开展心脏代谢危险因素调查发现，选择心脏检查标志食品的人群通常会摄入更多的纤维、全谷物、水果以及蔬菜，且摄入较少的能量、钠和添加糖，没有较高的心脏代谢并发症风险。

表 3-6　503 名受访者对心脏检查标志的消极评价情况

心脏检查标志的消极评价	样本量	比例（%）
现在太多营养标签失去了重要性和意义	211	42

（续）

心脏检查标志的消极评价	样本量	比例（%）
心脏检查标志的产品价格昂贵	156	31
心脏检查标志的产品味道不佳	136	27
心脏检查标志令人困惑	91	18

数据来源：Johnson 等（2015）。

二、指引星标签的营养评价标准与推广应用

本书拟从指引星认证企业官方网站（https：// guidingstars．com）收集指引星标签的营养评价标准、推广方法、实施效果等相关资料展开深入分析。

（一）指引星标签的营养评价标准及特点

指引星是一种应用于包装食品、生鲜农产品与菜品的总结指示体系FOP 标签[①]（图 3－2），利用专门的营养评价标准将食物营养价值以0～3 颗星的分级图标显示在零售货架、食品包装袋与食谱，以"做出简单的营养选择"（Nutritious Choices Made Simple）为口号，帮助消费者快速识别更有营养的食物（Guiding Stars Licensing Company，2021）。2006 年，指引星标签由成立于美国缅因州的指引星认证企业正式实施，为超市、食品生产商、食品服务提供商、医院和健康计划以及其他组织提供健康食品认证。

1. 指引星标签的营养评价标准

指引星认证企业的科学顾问小组（Scientific Advisory Panel，SAP）由营养科学、食品科学、医学、生物化学和公共卫生等多个学科领域的专家组成，依据美国的居民膳食指南、营养科学共识以及最新营养政策，开发了指引星标签营养评价标准。指引星标签的营养评价标准采用总结指示体系设计，即不展示食物具体的营养成分及含量信息，而是概

[①] 指引星标签从 2021 年开始采用新版图标。

图 3-2　某一指引星标签（左边是旧版图标，右边是新版图标）

图片来源：Guiding Stars Licensing Company（2021）。

括食物营养成分的总体信息。

　　根据总结指标体系，指引星标签遵循"数据来源确立→营养成分选取→得分计算→星级标示"系列程序对食物营养进行评级。①明确包装食品、生鲜农产品的营养数据来源，对于预包装食品，以营养事实标签和配料表的信息为依据，见图 3-3。首先，指引星认证企业将营养事实标签的营养成分分为限制性营养成分（用减号表示）和鼓励性营养成分（用加号表示）；对于肉类、水果、海鲜和蔬菜等生鲜农产品，主要依托美国农业部的国家营养数据库（SR-28）。②根据不同食物采用不同的营养素选取标准。美国居民可食用的食物种类较多，指引星标签没有单独一种标准可以评价所有食物的营养价值，如表 3-7 所示，指引星标签设置了 4 种食物的评价对象，每种食物的评价对象不尽相同。③将营养成分分为鼓励性营养成分（如维生素、矿物质、膳食纤维、ω-3脂肪酸）与限制性营养成分（如饱和脂肪酸、反式脂肪酸、添加钠、添加糖），然后分别转化为分值后相减，将总分值与 0～3 颗星进行对应，最终展示食物营养的星级评价。

　　总分在 0～11 分之间共有 1～3 颗星，星级越多，营养价值越高。由于不同食物间的食用分量差别较大且营养非匀质，为避免不同分量单位混淆，指引星认证企业统一采用每 100cal 的营养密度作为统计口

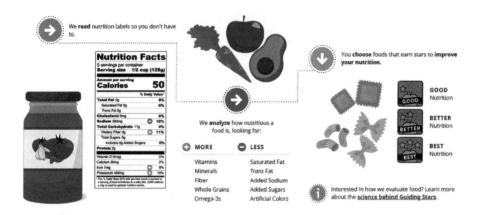

图 3-3　指引星标签星级评分流程

图片来源：Guiding Stars Licensing Company（2021）。

径。如图 3-4 和图 3-5 所示，1 颗星代表每 100cal 食物的鼓励性营养成分超过限制性营养成分，表明食物每 100cal 提供的营养价值良好；2 颗星代表食物每 100cal 的营养密度更高；3 颗星代表食物每 100cal 的营养密度最高。总分-41～0 的食物显示 0 颗星，代表鼓励性营养成分含量低于限制性营养成分，分值越小，营养密度越低，但不代表毫无营养价值，而是提醒消费者控制摄入量，注意饮食搭配。

表 3-7　4 类食物及其评价的营养成分

食物	评价的营养成分
食品和饮料（水果、蔬菜、谷类和谷物、豆类、饮料、零食和混合食品）	维生素、矿物质、纤维、全谷物、ω-3 脂肪酸、饱和脂肪酸、反式脂肪酸、添加钠、添加糖等
肉类、家禽、海鲜、乳制品和坚果	维生素、矿物质、纤维、ω-3 脂肪酸、饱和脂肪酸、反式脂肪酸、添加钠、添加糖
沙拉酱和蛋黄酱等油脂食品	单不饱和脂肪酸、ω-3 脂肪酸、饱和脂肪酸、反式脂肪酸、添加钠、添加糖
婴幼儿食品	维生素、矿物质、添加钠、添加糖

数据来源：Guiding Stars Licensing Company（2021）。

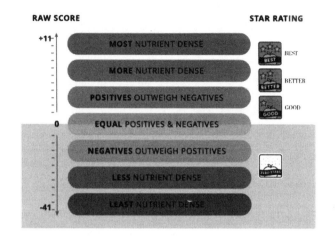

图 3-4 指引星标签的评分规则

图片来源：Guiding Stars Licensing Company（2021）。

图 3-5 1～3 颗指引星标签的星级解释

图片来源：Guiding Stars Licensing Company（2021）。

此外，有 3 种特殊情况不标示指引星标签：①能量在 5cal 及以下的食物（如瓶装水、咖啡、茶）；②需要遵循医生指导的药品，如维生素片、补充剂；③婴儿配方奶粉。一般认为，含有更多维生素、矿物质、膳食纤维、ω-3 脂肪酸、全谷物和较少饱和脂肪酸、添加糖、添加钠、反式脂肪酸的食物星级会越多，例如，熟食及熟食类食品通常含有较高的添加钠或糖，以及部分酸奶的添加糖含量较高且含有人工色素，星级较少甚至没有。

2. 指引星标签的营养评价标准特点

（1）指引星标签的营养评价标准申请了专利保护：由于指引星标签

• 35 •

的营养评价标准具有科学依据，获得美国专利标准局和加拿大知识产权局认可，分别在 2011 年 7 月 5 日和 2012 年 10 月 2 日申请了美国专利（专利号 7974881）和加拿大（专利号 2652379），并于 2014 年 1 月 7 日对指引星数据库和操作系统（存储和访问食物营养评分、分组和显示的信息系统）申请了美国专利（专利号 8626796）。此外，指引星认证企业正在申请评价标准的欧洲专利，计划在当地推行。

（2）指引星标签的营养评价标准公开透明与准确：①指引星认证企业通过白皮书向社会解读营养评价标准的科学依据，具体详情可登录企业网站（https：//guidingstars.com/request - our - white - paper）了解；②指引星标签的营养评价标准不受产品价格、品牌与客户影响，并非星级越多，食物的售价越高；③指引星标签结合食物营养素选取标准，对营养事实标签和配料表信息不完整的食物予以较低星级评价；④保持产品星级准确性，一旦发现星级错误，认证企业将于 1~2 周内及时纠正，一旦发现食品的营养事实标签和配料表做了修改，则会实时更新星级评价；⑤但凡能量超过 5cal 的食物，均可申请星级评价，确保星级评价覆盖更多的食物。

（3）指引星营养评价标准保持动态更新：为给消费者提供准确、客观的营养指导，指引星认证企业根据最新的美国居民膳食指南（针对成年居民与 2 岁及以上儿童）、美国 FDA 的最新营养健康政策以及最新科学共识来调整营养评价标准，例如，《美国居民膳食指南（2015—2020年）》一经实施，指引星认证企业即刻调整评价标准以符合新的膳食指南要求；FDA 和美国农业部（USDA）宣布维生素、矿物质和营养物质的最新推荐摄入量。指引星认证企业则相应修改评价标准和数据库信息；从 2020 年 1 月起，FDA 要求所有预包装食品在营养事实标签声明添加糖和总糖，指引星认证企业根据营养事实标签的添加糖含量声称，更新了食品的营养星级评价；根据最新研究结果，添加人工色素的食品会对人体健康产生负面影响，故指引星认证企业也将人工色素纳入评价标准。

（二）指引星标签的应用与效果

1. 指引星标签广泛应用且显示产品价格

显示指引星标签的产品已在美国 Hannaford 超市（主要为美国东南部和大西洋中部的 10 个州提供优质食品）、Foodlion 超市（主要为美国缅因州、马萨诸塞州、新罕布什尔州、纽约州和佛蒙特州提供生鲜农产品）、Giant 食品商店、Martin 商店、Stop & Shop 商店等 1 200 多家商店以及加拿大 Loblaw 集团的 900 多家超市销售。随着零售电商的飞速发展，消费者可使用 iPad、iPhone、iPod Touch 等 IOS 系统设备在线购买指引星标签食品。同时，指引星认证企业聘请了多位知名厨师设计的 1 200 多款标示指引星标签且方便烹饪的营养食谱也在学校（如 Hillside 中学、Henry J. McLaughlin 中学、新罕布什尔大学、北达科他州立大学）、医院（如 Concord 医院）推广应用。需要说明的是，通过指引星标签认证的产品不仅有 FOP 标签而且附带产品价格（图 3 - 6）。除预包装食品外，生鲜农产品如香蕉、禽肉等也有显示产品价格的指引星标签。

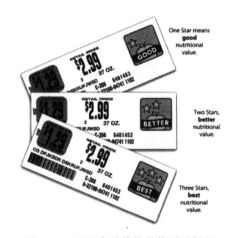

图 3 - 6　显示产品价格的指引星标签

图片来源：Guiding Stars Licensing Company（2021）。

2. 指引星标签产品丰富且便于检索

指引星认证企业对所有标签产品建立统一的检索数据库（Food

Finder Search Foods），致力于品牌管理和社会宣传。这个数据库将食物分为婴幼儿产品、百吉饼和面包、烘焙及烹饪用品、饮料、早餐麦片、调味品、蘸料和酱料、乳制品、甜点、糕点、小吃、调料、酱汁、水果、蔬菜、谷物、面食、肉类及替代品、海鲜及海鲜替代品等 15 种共计 10 万个产品，每个产品均有星级评价，并有相应的产品图片与营养事实标签。例如，通过搜索 Lieber 品牌的番茄汁罐头，则会展示指引星评级、营养事实标签以及产品的名称、生产商、产品大小等其他食品信息。

3. 指引星标签的宣教活动多样化

儿童宣教方面，指引星认证企业致力于儿童群体的标签知识教育，制定并出版了指引星的儿童互动画册（Guiding Stars Children's Activity Book）、指引星棋盘游戏（Guiding Stars Land Board Game）和指引星匹配游戏（Guiding Stars Pairs），通过有趣的游戏帮助儿童养成看指引星标签的良好习惯。为引导大众关注和使用指引星标签，企业还采用信息图纠正居民对健康饮食的认识误区，通过发放印刷手册介绍指引星标签营养评价标准，在 YouTube、Facebook、Twitter 等网络平台开展健康饮食的交流互动，开设指引星博客分享最新的营养健康新闻。同时，在每个超市或餐饮店配备若干注册营养师，帮助消费者解答指引星标签相关问题。

4. 指引星标签的实施效果良好

指引星标签在美国和加拿大超市推行均取得不错的效果。在美国，指引星标签的引入使消费者减少了对不显示指引星评级产品的购买量（Cawley 等，2015）以及增加了对更多营养价值高食品的需求（Rahkovsky 等，2013），例如，消费者倾向于购买添加糖少与膳食纤维多的即食麦片，减少了高糖、低纤维即食麦片购买（Sutherland 等，2010）。在加拿大，消费者倾向于利用指引星标签购买营养价值高的食品（Hobin 等，2017）。然而，指引星标签并非万能，由于摄入分量、摄入种类、均衡饮食、个人体重与健康状况等影响，单纯食用指引星产品不能确保居民的饮食健康。

三、明智选择计划标签的营养评价标准与失败深层原因

虽然美国的 FOP 标签为全球提供了很好的借鉴意义，但并非十全十美，例如，明智选择计划（Smart Choices Program）标签对非健康食品进行认证，最终被美国 FDA 停止使用。

（一）明智选择计划标签的特点

明智选择计划标签是混合型 FOP 标签，由总结指示体系和特定营养素体系构成，既概括食物的整体营养价值，又显示能量值。见图 3-7，明智选择计划标签由两大部分构成，上半部分是绿色勾选和标签口号"引导好的选择"（Guiding Food Choices），下半部分显示包装食品的份数与每份的能量值。为帮助消费者选择富含营养素和满足自身能量需求的食品，2008 年 10 月美国 Keystone Center（基斯通中心）（主要为卫生和社会政策制定提供建议的非营利性社会组织）成立 9 人为首的理事会（5 名来自营养与教育学界，4 名来自食品行业），下辖科学顾问委员会、会议委员会和教育委员会，依据《美国居民膳食指南（2005 年）》与营养科学共识设计明智选择计划标签（Lupton 等，2010）。

图 3-7 某食品的明智选择计划标签

图片来源：Lupton 等（2010）。

明智选择计划标签实行自愿申请制，食品生产商和零售商申请的产品如果符合营养评价标准则可标示。具体的标准是，基斯通中心将产品

细分为19类（表3-8），每一类产品有限制性营养成分（如总脂肪、饱和脂肪酸、反式脂肪酸、胆固醇、添加糖、钠）含量的最高标准（表3-9）、鼓励性营养成分（如钙、钾、纤维、镁、维生素 A、维生素 C、维生素 E）含量的最低标准以及鼓励性食物组（如蔬菜和水果、全谷物、低脂或无脂牛奶）含量的最低标准（表3-10），只要上述三方面均达标，食品才能通过认证（Lupton 等，2010）。2009 年以来，19类共 500 种食品获得认证，且这些食品多数来自通用磨坊、康尼格拉食品、百事公司、卡夫食品、阳光少女食品、联合利华、泰森食品、家乐氏等知名企业。而且，沃尔玛、可口可乐、雀巢三家企业也密切关注明智选择计划标签，通用磨坊还计划推出全新的产品包装袋使用明智选择计划标签。

表3-8　食物种类和明智选择计划标签的营养评价标准

食物种类	营养评价标准
不含任何添加剂的新鲜/冷冻/罐装/烘干的水果和蔬菜；水（原味或碳酸）	自动认证
畜禽肉、鱼肉；种子、坚果、果仁酱；油脂、涂抹酱	只考察限制性营养成分
含添加剂的水果和蔬菜以及 100％的果汁；面包、谷物、意大利面和面粉；早餐谷物；肉类替代品（人造肉、素食肉）；奶酪和奶酪替代品；牛奶、乳制品和乳制品替代品；汤、酱汁和混合配菜；酱油、酱调料；零食、甜食；甜点；主菜、三明治、主菜和代餐	考察限制性营养成分以及是否有 1 种以上鼓励性营养成分/食物组
正餐	考察限制性营养成分、是否有 1 种以上鼓励性营养成分、1.5 份鼓励性食物组
饮料	仅考察限制性营养成分，即①能量不超过 20cal，且仅有限制性营养成分；②能量不超过 40cal 但至少有 1 种营养素或食物组；③能量不超过 60cal 但至少有 1 种营养素和食物组
口香糖	仅考察限制性营养成分，即能量不超过 20cal，且仅有限制性营养成分与 0 添加糖

数据来源：Lupton 等（2010）。

表 3-9　限制性营养成分的临界值

限制性营养成分	阈值	特殊情况
总脂肪	能量占比不超过 35% 或者每份食品的总脂肪不超过 3g	1. 不含任何添加剂的新鲜/冷冻/罐装/烘干的水果和蔬菜以及水（纯净水或碳酸水）没有阈值，能自动获得认证 2. 种子、坚果、果仁酱、油脂、涂抹酱、酱油、酱调料由于不是高脂肪食物而没有总脂肪阈值。但含有的饱和脂肪酸阈值低于鼓励性脂肪总占比的 28%
饱和脂肪酸	能量占比不超过 10% 或者每份食品的饱和脂肪酸不超过 1g	3. 畜禽肉与鱼肉必须符合美国农业部关于瘦肉总脂肪和饱和脂肪酸的定义 4. 如果鱼类二十二碳六烯酸（Docosahexaenoic Acid，DHA）/二十碳五烯酸（Eicosapentaenoic Acid，EPA）超过 500 mg/3 盎司，那么对总脂肪量没有限制
反式脂肪酸	含量 0g 或者每份食品的反式脂肪酸不超过 0.5g	5. 含 1% 乳脂的奶酪、牛奶和奶制品的饱和脂肪酸阈值为 2g
胆固醇	每份食用分量的胆固醇含量不超过 60mg	1. 不含任何添加剂的新鲜/冷冻/罐装/烘干的水果和蔬菜以及水（纯净水或碳酸水）没有阈值，能自动获得认证 2. 含有添加剂的水果和蔬菜、100% 的果汁、面包、谷物、面食、种子，坚果和坚果黄油都不是膳食胆固醇的典型来源 3. 畜禽肉与鱼肉必须符合美国农业部关于"瘦肉"胆固醇的定义（每份或每 100g 为 95mg） 4. 小分量（30g 以内）的酱汁、调味料和调味品的阈值为 30mg/每份
添加糖	不超过能量的 25%	1. 水不能含有添加糖 2. 含糖饮料的阈值在于能量而不是具体营养成分 3. 含添加剂的水果/蔬菜每份只能含 2g（8kcal）的添加糖 4. 不超过 1kcal 的零食、甜点、酱料、调味品可含 6g 添加糖 5. 每份谷类食品最多允许添加 12g 糖 6. 每杯牛奶和乳制品能有 12g 添加糖而冷冻乳制品类的甜点每半杯最多允许添加 12g 糖
钠	每份不超过 480mg	1. 辨识谷物产品的不同钠密度 2. 每份不超过 43g 谷物食品的钠含量不超过 240mg 3. 每份超过 43g 谷物食品的钠含量不超过 290mg

（续）

限制性营养成分	阈值	特殊情况
钠	每份不超过 480mg	4. 单一、原成分的畜禽肉、鱼肉的钠含量不超过 140mg，其他不超过 480mg 5. 饮料、油脂、涂抹酱的钠含量不超过 140mg 6. 三明治、主菜和正餐的钠含量不超过 600mg（与 FDA 的健康标准相符合）
能量	没有设置跨产品的能量值，但有特定类别食品的能量阈值	主菜、三明治、正餐、酱汁、零食、甜点和饮料的能量都已设定好

数据来源：Lupton 等（2010）。

表 3-10　鼓励性营养成分的临界值

鼓励性营养成分	阈值	特殊情况
钙、钾、纤维、镁、维生素 A、维生素 C、维生素 E	每日推荐摄入量占比超过 10%	1. 不含添加剂的新鲜/冷冻/罐装/烘干/水果和蔬菜、水（原味和碳酸）由于没有鼓励性营养阈值，能通过认证 2. 畜禽肉、鱼肉、种子、坚果、坚果酱，就其性质而言，通常不止提供一种鼓励性营养成分 3. 油脂、酱料和调味料如果用量小，这些产品就不能提供足够的鼓励性营养成分
水果与蔬菜	美国农业部 MyPyramid 分量的一半（大多数水果和蔬菜为 0.25 杯；绿叶蔬菜为 0.5 杯；脱水水果和蔬菜为 0.12 杯）	1. 不含添加剂的新鲜/冷冻/罐装/烘干/水果和蔬菜、水（原味和碳酸）按照定义，由于没有食物组阈值能自动通过认证 2. 畜禽肉、鱼肉、种子、坚果、坚果酱，就其性质而言，通常不止提供一种鼓励性营养成分 3. 油脂、酱料和调味料如果用量小，这些产品就不能提供足够的鼓励性食物组 4. 主菜、三明治必须满足限制性营养成分、鼓励性营养成分，或提供食物组反映这些产品的营养贡献 5. 食物必须满足限制性营养成分、鼓励性营养成分和提供 1.5 份食物组反映产品的营养贡献 6. 对于三明治和主菜，每个食物组至少含有 0.25 份水果与蔬菜 7. 对于三明治和主菜，每 1.5 个食物组中果汁不应超过一半

（续）

鼓励性营养成分	阈值	特殊情况
全谷物	每份 8g	1. 谷物类食品（面包、谷类、面食等），除含有 8g 全谷物外，还必须符合以下标准：产品中一半的谷物是全谷物 2. 在主菜、三明治中，一份或者 16g 全麦食品应至少含有一半全谷物
脱脂或低脂奶制品	—	1. 主菜、三明治必须满足限制性营养成分、鼓励性营养成分或提供一份牛奶（1 杯或 240mL）反映这些产品所期望的营养贡献 2. 膳食必须满足限制性营养成分和鼓励性营养成分，1.5 个食物组中牛奶含量至少为 1 个食物组

（二）明智选择计划标签问题产生的原因分析

2009 年，美国一些超市货架出现显示明智选择计划标签的果脆圈麦片和软糖冰淇淋，这些食品均为高能量、高脂、高糖非健康食品（Marla，2009；Jegtvig，2009），误导了大多数消费者（Nestle，2009；Dumke & Zavala，2009）。当年 10 月，明智选择计划标签被美国 FDA 停止使用，并关闭标签网址（http：// www. smartchoicesprogram. com），食品生产商和零售商也停止使用标签，一度让消费者对整个 FOP 标签产生担忧（State of Connecticut，2009）。明智选择计划标签从启动到停止不到 1 年，其失败的原因不在于营养评价标准设计，而在于认证环节，其中，政府的认证资质审核与认证监管缺位是深层原因。

1. 政府部门对 FOP 标签认证资质规定过于宽松

基斯通中心并非专业的营养标签认证机构，先前是为国家健康与社会政策提供解决方案的非营利性社会组织，缺乏营养标签认证业务经历和相关从业人员。为活跃营养标签认证市场，美国放宽了 FOP 标签认证资质，但对相关从业经验不做严格规定，导致基斯通中心加入 FOP 标签认证机构行列，为一年后的标签丑闻埋下隐患。

2. 政府部门缺乏有效的 FOP 标签认证监管机制

明智选择计划标签滥用与美国政府的监管缺位有紧密的联系。针对

FOP 标签认证，政府没有开展全面监管，存在三大漏洞：一是未督促 FOP 标签认证机构制定并实施严密的认证程序，例如，基斯通中心由于缺乏经验，没有制定完善的明智选择计划标签认证流程，未设置严格的初次认证、复评与终审环节，容易使通过认证的企业放松警惕，不按营养评价标准开展认证；二是未督促认证机构制定标签管理制度，例如，基斯通中心对获得明智选择计划标签企业的标签使用权限不做明确规定（如运用的产品、时限）与签署相关协议，导致企业钻空子滥用标签，在低于既定营养评价标准的食品标示明智选择计划标签，误导消费者，影响标签的权威性；三是未强制要求基斯通中心将通过认证的食品名单上交备案，也没有对认证通过的产品进行后期监管，仅仅依赖常规的超市食品检查手段，导致监管滞后。

（三）明智选择计划标签失败教训的警示

明智选择计划标签的失败教训对我国有三点警示：

第一，应设置严格的认证资质门槛。有必要提高 FOP 标签认证资格门槛，对社会组织、企业的 FOP 标签认证资质做严格要求，仅允许目前从事食品标签认证或者有相关业务经验的社会组织、企业申请认证资格，并设置初审、复审以及终审"三审"制，严格把关申请机构的管理规程、工作人员以及配套设施。此外，认证资质不实施终身制，而要开展定期评估（如年审制），一旦发现不符合标准，立即停止机构的 FOP 标签认证甚至取消资格。

第二，应全方位地监管 FOP 标签认证行为。为约束相关机构的认证行为，建议政府部门制定《FOP 标签认证管理办法》，严格监管认证机构的 FOP 标签认证流程以及使用权限。一是督促认证机构设立一套完善的认证流程与标签管理机制，严格按照既定营养评价标准对申请认证的产品进行审查，并对通过审查的具体产品名单提交市场监管部门备案；二是督促认证机构明晰食品企业的标签使用权限，对食品企业滥用 FOP 标签的行为，市场监管部门要依法追究认证机构责任，问题严重者应取缔认证资格。

第三，应实施常规有效的食品标签抽样检查。虽然对市场上流通的 FOP 标签认证食品抽样检查属于市场端（后端）的监管措施，但也是监管体系不可或缺的组成部分。国家市场监管部门应引起重视，提高执法人员对 FOP 标签营养评价标准与相关规定的熟悉程度，重点检查高糖、高盐、高油食品 FOP 标签信息的准确性，提高常规检查效率，严厉打击 FOP 标签错标、漏标行为，营造良好的 FOP 标签信任环境。

四、NuVal 评分标签特点与实施效果

（一）NuVal 评分标签特点

NuVal 评分标签，又称为 NuVal 营养评分系统（NuVal Nutritional Scoring System），是由 Topco 联合有限责任公司和 Griffin 医院于 2008 年成立的合资企业——NuVal 有限责任公司（NuVal LLC）于 2010 年实施。见图 3-8，NuVal 评分标签由一个白色的正六边形与一个蓝色的正六边形连接而成，评分被印在右上方，从 1 到 100 对食物进行评分，得分为 1 的食物最不健康，得分为 100 的食物最健康，得分越高，食物越健康。NuVal 评分标签右上角有®，表示是受国家法律保护的注册商标。NuVal 评分标签的口号为做出容易的营养选择（Nutrition Made Easy）。而且，NuVal 评分标签将评分与食品价格联系一起，显示在货架上，方便消费者比较他们所支付的营养价值。如图 3-9 所示，某一饮料的 NuVal 评分为 88 分，食品价格为 2.69 美元。

NuVal 评分标签具有 4 个显著特点：一是简单，NuVal 评分标签采用 1～100 其中一个数字表达食物的营养价值；二是包容，在多种食品应用，包括生鲜农产品（图 3-10）；三是方便，NuVal 评分显示在商店的货架上，方便比较价格的同时比较营养价值；四是客观，NuVal 评分标签由耶鲁大学、哈佛大学和西北大学等顶尖大学的营养和医学专家团队独立开发，由 Griffin 医院资助，没有食品零售商或制造商参与。

图 3-8 Nuval 评分标签

图片来源：NuVal，LLC（2020）。

图 3-9 某种饮料的 NuVal 评分标签

图片来源：BistroMD（2019）。

图 3-10 生鲜农产品的 NuVal 评分标签

图片来源：BistroMD（2019）。

本书介绍心脏检查标志、指引星标签、明智选择计划标签、NuVal 评分标签、正面事实标签 5 种美国 FOP 标签，其中有 4 种 FOP 标签图标附带口号。见表 3-11，这些口号的共性是宣传标签能帮助消费者做出更好的食物选择，而区别在于做出好的、简单还是容易的选择。

表 3-11 美国主要 FOP 标签口号对比

FOP 标签	标签口号
指引星标签	做出简单的营养选择（Nutritious Choices Made Simple）
明智选择计划标签	引导好的选择（Guiding Food Choices）
NuVal 评分标签	做出容易的营养选择（Nutrition Made Easy）
心脏检查标志	符合心脏健康食品的标准（Meets Criteria For Heart - Healthy Food）

NuVal 评分标签的营养素度量法模型采用整体营养质量指数（Overall Nutritional Quality Index，ONQI）算法，该算法属于总结指示体系，从鼓励性营养成分、限制性营养成分、能量 3 个维度评价食物。其中，鼓励性营养成分分别有纤维、叶酸、维生素 A、维生素 C、维生素 D、维生素 E、维生素 B_{12}、维生素 B_6、钾、钙、锌、$\omega-3$ 脂肪酸、总类胡萝卜素、镁、铁等；限制性营养成分有饱和脂肪酸、反式脂肪酸、钠、糖、胆固醇等。计算式中，鼓励性营养成分分值构成分子，限制性营养成分分值构成分母，每种营养成分的权重都基于对美国人健康的影响程度，即鼓励性营养成分分值越高或者限制性营养成分分值越低，NuVal 评分越高。以酸奶为例，如果 NuVal 评分较低，则可能含有大量添加糖和饱和脂肪酸，反之评分较高。此外，算法还考虑了营养密度（每 100kcal 的营养物质含量）、蛋白质质量、脂肪质量和血糖负荷。为匹配美国居民膳食指南的最新建议，2014 年，NuVal 评分标签调整蛋白质、糖、纤维等营养成分的权重，改变了许多食物的评分，部分食物评分的调整结果如表 3 - 12 所示。

表 3 - 12　部分食物的 Nuval 评分调整结果

食物	旧的 NuVal 评分	新的 NuVal 评分
碎牛肉（95% 是瘦肉）	57	32
去皮鸡胸肉	57	39
鸡蛋	56	33
达能蓝莓脱脂酸奶	41	81
全脂牛奶	82	52
燕麦片	93	55

数据来源：BistroMD（2019）。

目前，NuVal 评分标签在美国 31 个州的 1 600 多家商店（如纽约的 Tops Friendly Markets、加州的 Raley's 和马萨诸塞州的 Big Y World Class Markets）推行，但尚未覆盖全美所有商店。学界和社会对 NuVal 评分标签的实施效果持认可态度：①营养价值评价准确，如

Findling 等（2018）基于 1 247 个成年美国居民线上调查数据发现，单
一交通灯信号标签、多交通灯信号标签、正面事实标签、NuVal 评分
标签、指引星标签均能提高消费者判断食品营养质量的能力，尤其是
NuVal 评分标签与多交通灯信号标签对产品的营养价值评价最为准确；
②NuVal 评分能提高营养健康产品的销售额，学者们以购买 NuVal 评
分标签标示产品的消费者为调查对象，采用随机对照试验评估发现，酸
奶的 NuVal 评分每增加 1 分，销售额就会增加 0.49%（Finkelstein 等，
2018）；③影响消费者的购买意愿，如学者 Melo 等（2019）调查发现，
NuVal 评分标签能影响消费者的购买行为，尤其是特定的食品和消费
者。然而，NuVal 评分标签的效果不被一些学者认可，例如，NuVal
评分标签对消费者的购买决策影响较小（Lagoe，2010）。NuVal 评分
标签不因产品的有机属性（如食物施用生物农药、有机肥料等）而提高
分值，例如，有机即食早餐麦片与传统即食早餐麦片的 NuVal 评分不
存在差异（Woodbury & George，2014）。

（二）与相近 FOP 标签比较

当前正流行且以评分概括食物营养信息的 FOP 标签除了 NuVal 评
分标签外，还有指引星标签、健康星级评分标签（表 3 - 13），这些标
签都将鼓励性营养成分与限制性营养成分纳入运算法则得出一个具体的
分值。区别的是，NuVal 评分标签直接将分值显示在标签上，而指引
星标签、健康星级评分标签是将分值转化为星星颗数，让消费者通过数
星星了解产品的营养状况。

表 3 - 13　以评分概括食物营养信息的 FOP 标签概况

FOP 标签	国家	推行时间	推行机构	评分范围	结果显示
NuVal 评分标签	美国	2010 年	NuVal 有限责任公司	1~100	1~100，以整数递增，数字越大，营养状况越好
指引星标签（Guiding Stars Licensing Company，2021）	美国	2006 年	指引星认证企业	−41~11	0~3 颗星，以 1 星递增，星级越多，营养价值越高

（续）

FOP 标签	国家	推行时间	推行机构	评分范围	结果显示
健康星级评分标签（黄泽颖，2020d）	澳大利亚	2014 年	澳大利亚卫生部	0.5～5	0.5～5 星，以半星递增，星星越多，产品越健康

见表 3-14，可在预包装食品与生鲜农产品运用的 FOP 标签都采用总结指示体系的营养素度量法模型，不展示具体营养成分含量。区别的是，Keyhole 标签、心脏检查标志、较健康选择标志、选择标识采用阈值法，即以一个图形概括食物的总体营养信息，而 NuVal 评分标签与指引星标签分别采用评分法与评级法。此外，6 个 FOP 标签的推行主体多元，既有政府实施，又有行业协会与企业主导。

表 3-14　在预包装食品与生鲜农产品应用的 FOP 标签概况

FOP 标签	国家	推行时间	推行机构	显示的信息	营养素度量法模型
NuVal 评分标签	美国	2010 年	NuVal 有限责任公司	1～100 分值	评分法的总结指示体系
Keyhole 标签（黄泽颖，2020b）	瑞典	1989 年	食品管理局	锁孔图形	阈值法的总结指示体系
心脏检查标志（American Heart Association，2020）	美国	1995 年	美国心脏协会	红心带白色勾图形	阈值法的总结指示体系
较健康选择标志（黄泽颖，2020c）	新加坡	1998 年	健康促进局	金字塔图形	阈值法的总结指示体系
指引星标签（Guiding Stars Licensing Company，2021）	美国	2006 年	指引星认证企业	0～3 颗星	评级法的总结指示体系
选择标识（Choices International Foundation，2014）	荷兰	2006 年	选择国际基金会	勾选图形	阈值法的总结指示体系

五、正面事实标签信息与相近 FOP 标签比较

（一）正面事实标签案例分析

本书拟从美国正面事实标签官网（http://www.factsupfront.org）收集相关资料，开展正面事实（Facts up Front，FuF）标签案例分析。

为引导居民合理饮食，代表 300 多家食品和饮料企业的食品杂货制造商协会（Grocery Manufacturers Association，GMA）和代表 1 500 多家食品批发商和零售商的食品营销学会（Food Marketing Institute，FMI）于 2011 年联合牵头实施正面事实标签。正面事实标签又称营养钥匙（Nutrition Keys）标签，在食品和饮料（除了膳食补充剂与 4 岁以内儿童食品）包装前面显示关键营养信息，生产商可选择标示的 FOP 标签。正面事实标签的设计有专门的顾问团队，由烹饪、康复教育、医学、营养科学、运动生理学等不同专业背景的专家组成，为营养标签教育与实施提供专家咨询和指导。

正面事实标签采用特定营养素体系的营养素度量法模型，可展示食品中与健康紧密相关的限制性营养成分（饱和脂肪酸、钠、糖）和鼓励性营养成分（蛋白质、膳食纤维、维生素、矿物质），例如，正面事实标签可在展示能量、饱和脂肪酸、钠、糖等含量及其每日营养素推荐摄入量占比（%Daily Value，%DV）的基础上选择展示鼓励性营养成分。正面事实标签的显著特点是简化的营养事实标签（Simplified Nutrition Facts Label）。与我国营养成分表相似，美国的营养事实标签强制显示"1"（能量）＋"14"（脂肪供能比、脂肪、饱和脂肪酸、反式脂肪酸、胆固醇、总碳水化合物、糖、膳食纤维、蛋白质、维生素 A、维生素 C、钠、钙和铁）营养成分的信息。正面事实标签从营养事实标签选取所需的营养信息进行标识。此外，正面事实标签沿用营养事实标签的每日营养素推荐摄入量占比，仅对饱和脂肪酸、钠以及蛋白质、维生素、矿物质等鼓励性营养成分标示。但是，正面事实标签信息解读要求消费者储备相关营养知识，消费者如果缺乏营养知识，则容易被正面事实标

签信息误导（Miller 等，2015）。

目前，美国市场上流行的正面事实标签类型有水平格式、垂直格式的基本图标与可选图标（图 3 - 11 和表 3 - 15）。基本图标要求展示能量、饱和脂肪酸、钠、糖含量等信息，可选图标展示蛋白质、膳食纤维、维生素 A、维生素 C、维生素 D、钙、铁、钾等鼓励性营养成分的信息。此外，正面事实标签按照食品药品监督管理局（Food and Drug Administration，FDA）和美国农业部（United States Department of Agriculture，USDA）的营养标签规定确立图标、字体及其大小、背景颜色。食用分量可用每杯、每半杯、每包、每瓶、每人 2 汤匙等单位声明，提醒消费者控制食用量。

（a）水平格式基本正面事实标签　　（b）水平格式可选的正面事实标签

（c）垂直格式基本正面事实标签　　（d）垂直格式可选的正面事实标签

图 3 - 11　正面事实标签类型

图片来源：The Joint Initiative of the Grocery Manufacturers Association and the Food Marketing Institute（2010）。

表 3 - 15　不同类型正面事实标签展示的营养信息

格式	类型	展示的营养信息
水平格式	基本正面事实标签	能量、饱和脂肪酸、钠、糖含量及每日营养素推荐摄入量的占比（除能量、糖外）
	可选的正面事实标签	可增加标示的鼓励性营养成分（蛋白质、膳食纤维、维生素、矿物质等）含量及每日营养素推荐摄入量的占比（除能量、糖外）

（续）

格式	类型	展示的营养信息
垂直格式	基本正面事实标签	能量、饱和脂肪酸、钠、糖含量及每日营养素推荐摄入量的占比（除能量、糖外）
	可选的正面事实标签	可增加标示鼓励性营养成分（蛋白质、维生素等）含量及每日营养素推荐摄入量的占比（除能量、糖外）

（二）与相近 FOP 标签的对比分析

在全球范围内，与正面事实标签一样采用特定营养素体系显示若干特定营养成分含量等信息的 FOP 标签主要是每日推荐量（Guideline Daily Amount，GDA）标签、营养价值（Nutritional Value，NV）标签、多交通灯信号标签、营养信息电池标签（NutrInform Battery Label，NBL）。如表 3－16 所示，除墨西哥外，正面事实标签与多交通灯信号标签、营养价值标签、营养信息电池标签的推行机构均是发达国家，且这些 FOP 标签无一例外地显示能量、饱和脂肪酸、钠、糖等限制性营养成分含量及其每日推荐摄入量占比。除多交通灯信号标签外，这些 FOP 标签都没有对显示的营养成分信息进行颜色编码。不同的是，正面事实标签的推行机构由行业协会发起，而其他 4 个标签均是政府部门推动，且正面事实标签比其他 FOP 标签多显示了蛋白质、膳食纤维、维生素等鼓励性营养成分信息。

表 3－16 相关特定营养素体系 FOP 标签概况

FOP 标签	国家	推行时间	推行机构	标签信息	颜色编码
正面事实标签	美国	2011 年	杂货制造商协会（GMI）和食品营销研究所（FMI）	显示每份食品能量、饱和脂肪酸、钠、糖、膳食纤维、维生素 D 的含量以及占每日推荐摄入量的比重	无
多交通灯信号标签（黄泽颖，2020e）	英国	2006 年	英国食品标准局	显示每 100g 食品能量、脂肪、饱和脂肪酸、糖、盐的含量及占每日推荐摄入量的比重	有

（续）

FOP 标签	国家	推行时间	推行机构	标签信息	颜色编码
每日推荐量标签（White&Barquer，2020）	墨西哥	2014 年	联邦卫生风险预防委员会	显示每 100g 食品能量、钠、糖、饱和脂肪酸、反式脂肪酸的含量及占每日推荐摄入量的比重	无
营养信息电池标签（Governo Italiano Ministero dello sviluppo economico，2020）	意大利	2019 年	意大利卫生部	显示能量、脂肪、饱和脂肪酸、糖、盐的含量并以电池含电量显示占每日推荐摄入量的比重，比重越低，食品越健康	无
营养价值标签（王瑛瑶等，2020）	德国	2019 年	食品工业委员会	显示每 100g 食品能量、脂肪、饱和脂肪酸、糖、盐的含量及占每日推荐摄入量的比重	无

（三）与其他 FOP 标签的实施效果比较

FuF 标签从 2011 年推行至今，取得不错的实施效果。研究发现，正面事实标签不仅倒逼生产商提高产品的营养品质（Lim 等，2020），而且对零食食品的营养评价最有效（Roseman 等，2017）。当前，基于消费者视角的 FOP 标签作用比较逐渐成为该领域的一大研究热点（黄泽颖，2020f）。如表 3-17 所示，在消费者关注、理解、选择食品等方面，正面事实标签被用于与多交通灯信号标签、能量星级（Energy-Star）标签、明智选择计划标签、Nuval 评分标签、营养警告（Nutritional Warnings）标签做横向比较。结果发现，正面事实标签在信息理解方面不如交通灯信号标签，在信息关注方面不如明智选择计划标签，在吸引注意力方面不如营养警告标签，虽然正面事实标签的阅读体验感不强，但在一定程度上发挥了引导健康食品选购的作用。

表 3-17　正面事实标签与相关 FOP 标签的作用比较

相比较的 FOP 标签	研究结论	文献来源
正面事实签、多交通灯信号标签	与 FuF 标签相比，多交通灯信号标签的信息更容易被消费者理解	（Roberto 等，2012）
正面事实标签、能量星级标签、明智选择计划标签、Nuval 评分标签	4 种标签在寻找健康食品方面没有显著差异。能量星级标签、正面事实标签、明智选择计划标签首次被消费者发现时，注意力停留的时间没有显著差异，而明智选择计划标签被关注的时间较长	（Rosemond 等，2014）
正面事实标签、多交通灯信号标签	多交通灯信号标签并非比正面事实标签更能引导消费者选择健康食品	（Graham 等，2016）
正面事实标签、营养警告标签	与正面事实标签相比，营养警告标签能有效吸引消费者的注意力，让消费者用较短的时间理解标签信息	（Tortora 等，2019）

六、本章小结

本章节分别从心脏检查标志、指引星标签、明智选择计划标签、NuVal 评分标签、正面事实标签的官方网站收集相关数据、资料与新闻报道，从标签图标、营养信息、营养评价标准、实施效果与不足、与相似 FOP 标签比较等多个维度开展美国 FOP 标签案例研究发现，美国的 FOP 标签起步较早，1995 年美国心脏协会主导实施的心脏检查标志是首个 FOP 标签。美国多数 FOP 标签既以营养事实标签信息作为评价标准的设计依据，又通过简化营养事实标签信息克服不易理解与应用的难题。FOP 标签的实施主体有非营利性社会组织（协会、学会）与企业，适用范围广，在生鲜农产品、预包装食品以及菜品均有应用。美国 FOP 标签的国际化进程加快，已在加拿大等国推广应用。总体来看，美国的 FOP 标签以总结指示体系为主，既有阈值法的心脏检查标志、明智选择计划标签，又有评分法与评级法（指引星标签、NuVal 评分标签），评价标准公开透明并保持动态更新，一些 FOP 标签（指引星标签、NuVal 评分标签）同时显示产品价格，方便消费者选购性价比高的产品以及开展丰富的宣传教育活动。虽然美国 FOP 标签的实施效果较好，受到较多居民认可和信任，但明智选择计划标签因美国政府对 FOP 标签认证资质规定过于宽松以及缺乏有效的 FOP 标签认证监管机制，对非健康食品滥用标签认证的失败教训应引以为戒。

第四章 我国营养标签演变规律及发展差距

前两章研究美国新旧版营养事实标签与 5 种 FOP 标签的发展概况与特征。从本章开始，首先总结美国营养标签的发展特征，然后梳理我国营养标签的演变规律，最后揭示我国食物营养标签与美国的发展差距。

一、美国食物营养标签的发展特征

美国营养标签是在应对饮食相关慢性病发生率上升的背景下产生的，虽然经历产生、修订、退出的发展过程，但营养标签有许多可圈可点之处，现阶段具有如下 5 点发展特征：

（一）营养标签适用性广，应用的食物多样化

虽然营养事实标签仅应用于预包装食品，但 FOP 标签的适用性广，能运用于生鲜农产品、预包装食品与菜品。例如，除了所有 FOP 标签可在零售货架、食品包装袋显示预包装食品的营养信息，心脏检查标志、指引星标签、NuVal 评分标签还可应用于蔬菜、水果等生鲜农产品，且心脏检查标志、指引星标签能用于系列食谱认证。

（二）营养标签实施主体多元化，包括政府、非营利性社会组织和企业

美国是世界上营养标签实施主体多元的国家，既有 FDA 主导实施的营养事实标签，又有非营利性社会组织（如协会、学会等）牵头的正面事实标签、心脏检查标志与明智选择计划标签，以及企业认证的指引星标签、NuVal 评分标签。其中，营养事实标签的实施主体仅有 FDA，

没有其他实施主体，但 FOP 标签完全非政府主导，既有非营利性社会组织又有企业。

（三）营养事实标签与 FOP 标签之间互补优化

美国营养事实标签与 FOP 标签之间存在互补关系。美国 FOP 标签启动的原因之一是克服营养事实标签不易被关注与理解的弊端，帮助消费者快速选择健康食品，而一些 FOP 标签的营养评价标准将美国营养事实标签的信息作为设计依据。例如，指引星标签以营养事实标签作为食物营养的评级依据。还有，一些 FOP 标签可选择性地显示营养事实标签的部分信息，例如，正面事实标签是简化的营养事实标签，从营养事实标签选取能量、饱和脂肪酸、钠、糖等含量值及其每日推荐摄入量占比进行展示。

（四）营养标签电子信息化，为居民膳食提供更多决策支持

为顺应日新月异的技术革新，给消费者提供更加科学实用的膳食指导，美国营养标签逐渐向纸媒与电子媒体相结合的方向转变，不仅保留预包装袋的纸质营养标签，而且尝试采用信息技术为营养标签的广泛使用提供支撑。随着越来越多的居民使用智能手机管理他们的日常生活，美国营养标签与手机应用程序结合起来，方便消费者在线购物或饮食管理时查看与应用营养标签，例如，指引星认证企业开发专门的手机应用程序，方便消费者通过移动设备参考食品的指引星标签进行网购。而且，消费者可通过"我的餐盘"手机应用程序将食品的营养事实标签信息扫描登记，做好个人日需能量与营养成分摄入管理。

（五）FOP 标签国际化，在其他国家推广应用

为提高营养标签在全球的应用率，扩大营养标签的国际影响力，美国鼓励 FOP 标签走出国门。目前，美国营养标签的国际化初见端倪，已有一些标签推广到其他国家，例如，指引星标签从美国起源，沿国际化路线发展，其营养评价标准获得加拿大知识产权局认可和专利，并在加拿大超市推行取得不错的效果。接下来，指引星标签正申请营养评价

标准的欧洲专利，计划在当地推行。

二、我国营养标签演变规律

1987 年，我国首次在 GB 7718—1987《食品标签通则标准》对营养标签的标示内容进行规定，到 2021 年共发布 7 个相关标准、4 个国家规定以及 2 个国家政策（表 4-1）。总体上，我国营养标签的演变规律如下：

（一）营养成分表逐步修订完善

为保证消费者科学合理的膳食，我国营养成分表与美国营养事实标签都经历修订。34 年来，我国营养成分表处于完善阶段，不仅对普通预包装食品、特殊营养食品、进口预包装食品的使用要求与惩罚进行规定，而且出台《国民营养计划（2017—2030 年）》提出加快修订预包装食品营养标签通则的要求。我国逐渐与国际接轨，2018 年国家卫健委发布《预包装食品营养标签通则》（征求意见稿）对原标准提出第一轮修订及依据，强制标示的内容拟从"1+4"转变为"1+8"，新增饱和脂肪酸、糖、维生素 A、钙 4 个营养素。《健康中国行动（2019—2030年）》提出在营养成分表"1+4"信息基础上强制标示糖含量及其 NRV%信息（中华人民共和国中央人民政府，2019）。2020 年 7 月，国家卫健委发布 GB 28050 标准文本征求意见稿，开启第二轮的社会征求意见，强制标示的内容拟从第一轮的"1+8"转变为"1+6"，仅新增饱和脂肪酸、糖 2 个营养素。

（二）营养成分表向强制标示转变

一直以来，我国食品生产商与零售商可自愿在预包装食品选择标示营养成分表，但如果选择标示，则必须遵循国家标准与规定。直到 2011 年，我国第一个也是现行食品营养标签国家标准 GB 28050—2011《预包装食品营养标签通则》，要求对预包装食品强制标示营养成分表，展示食品"1+4"（能量与蛋白质、碳水化合物、脂肪、钠）含量及其营养素参考值占比（NRV%）信息，如果预包装食品的配料表含有或

表4-1　我国营养标签制度的历史沿革

发布时间	发布部门	标准/法规/政策	规定	备注
1987年4月	原国家标准局	GB7718—1987《食品标签通则标准》	热量、营养素含量为鼓励性标示内容	已废止
1989年2月	原国家技术监督局	GB10768—1989《婴幼儿食品5410配方食品》	涉及标签中的营养成分、健康声明的标示等内容	已废止
1992年5月	原国家技术监督局	GB13432—1992《特殊营养食品标签》	对特殊营养食品的热量及营养含量标示行为进行规范，也作为一般食品营养信息标示行为的参考	已废止
1994年3月	原国家技术监督局	GB7718—1994《食品标签通则标准》	规定热量、营养素含量为鼓励性标示内容	已废止
2004年1月	原质检总局、国家标准化委员会	GB13432—2004《预包装特殊膳食用标签通则》	将营养声称纳入标准	已废止
2007年7月	原国家质量监督检验检疫总局	《食品标识管理规定》	食品应按规定标注营养素和热量并符合国标规定的定量标示；未按规定标注营养素热量以及定量标示的，责令限期改正；预期不改的，处以5 000元以下罚款；增加"专供婴幼儿和其他特定人群的主辅食品，其标识应当标注主要营养成分及含量"	现行有效
2007年12月	原卫生部	《食品营养标签管理规范》	首次规定了国内销售的预包装品标示营养信息内容，营养声称、营养成分功能声称的信息内容，并于2008年开始实施，企业可自愿标识营养标签	已废止
2011年10月	原卫生部	GB28050—2011《预包装食品营养标签通则》	我国首个食品营养标签国家标准，于2013年开始实施，强制要求企业至少披露食品"1+4"信息（能量与蛋白质、碳水化合物、脂肪、钠）	现行有效

（续）

发布时间	发布部门	标准/法规/政策	规定	备注
2012年2月	原国家质量监督检验检疫总局	《进出口预包装食品标签检验监督管理规定》	进口预包装食品标签标注营养成分含量的，应提供符合的证明材料	现行有效
2017年6月	国务院	《国民营养计划（2017—2030年）》	研究制定餐饮食品营养标签通则	现行有效
2018年10月	中国营养学会	T/CNSS 001—2018 《预包装食品"健康选择"标识使用规范》	在预包装食品推行"健康选择"标识	现行有效
2018年12月	国家卫健委	GB 28050标准文本征求意见稿（第一轮）	对原标准的范围、术语定义、基本要求、强制标示内容、可选择标示内容、营养成分的标示方式和表达方式、豁免强制标示的预包装食品进行修订	征求意见稿
2019年7月	国务院	《健康中国行动（2019—2030年）》	加快修订预包装食品营养标签通则，增加蔗糖等糖的强制标识，鼓励企业进行"低糖"或者"无糖"声称，积极推动在食品包装上使用"包装正面标识（FOP）"信息，帮助消费者快速选择健康食品，加强对预包装食品营养标签的监督管理。探索试点在餐饮食品中增加"糖"的标识	现行有效
2020年7月	国家卫健委	GB 28050标准文本征求意见稿（第二轮）	修改术语定义，调整强制标识的营养素范围，增加可选择标识的营养成分，修订修约间隔和0界限值，增加推荐免费食品类别，允许进行图形化及文字化标识，调整豁免营养素含量声称要求，修订部分营养素的NRV，增加了部分营养素"糖"名称等	征求意见稿
2020年12月	国家卫生健康委	《餐饮食品营养标识指南》	餐饮食品营养标识标示的基本标示内容，可选择标示内容以及能量和营养素名称、标示顺序、表达单位、标示格式	现行有效

生产过程中使用了氢化和（或）部分氢化油脂时，在营养成分中还应标示反式脂肪酸含量。该标准于 2013 年 1 月 1 日正式实施，相比美国晚近 20 多年。

（三）营养标签向 FOP 标签启动实施转变

我国 FOP 标签起步晚，在很长一段时间内，我国仅实施营养成分表。为加强对预包装食品研发和生产的健康引导，响应国家卫健委"三减"号召，配合 GB 28050—2011《预包装食品营养标签通则》营养导向，以减少预包装食品中油、钠（盐）、糖含量为目标，2017 年，中国营养学会发布《预包装食品"健康选择"标识使用规范》（试行），尝试推行"健康选择"标识。2018 年，中国营养学会发布团体标准 T/CNSS 001—2018《预包装食品"健康选择"标识规范》，对粮谷类制品、豆类制品、乳及乳制品、坚果和籽类、肉及制品、水产制品、蛋制品、蔬果产品、饮料、其他食品（膨化零食类食品、胶冻和膏状食品）十类预包装食品（31 个亚类食品）使用"健康选择"标识的技术要求及相应"健康选择"标识图形进行规定。"健康选择"标识采用阈值法总结指示体系，对不超过脂肪、饱和脂肪酸、总糖、添加糖、钠最高含量的食品进行标识（图 4 - 1）。2019 年，《健康中国行动（2019—2030年）》将 FOP 标签实施列为政府行动计划（中华人民共和国中央人民政府，2019），但目前，我国现行 FOP 标签仅有中国营养学会主导的"健康选择"标识，而政府主导的 FOP 标签尚未启动。

（四）营养标签向餐饮食品应用转变

我国营养标签应用范围扩大，不仅应用于预包装食品，而且在餐饮食品中发挥作用。早在 2010 年，中国烹饪协会已计划实施餐饮食品营养标签，发布了《餐饮业菜品营养标签规则（征求意见稿）》，但迟迟没有正式实施。2017 年《国民营养计划（2017—2030 年）》首次提出研究制订餐饮食品营养标识的计划。根据合理膳食行动的要求，提示居民减少每日糖的摄入量，2019 年，《健康中国行动（2019—2030 年）》提出在餐饮食品中试点增加"糖"标识的行动计划（中华人民共和国中央人

民政府，2019）。直到 2020 年，国家卫
生健康委通告《国卫办食品函〔2020〕
975 号》发布了《餐饮食品营养标识指
南》，正式启动餐饮食品营养标识，鼓
励各类餐饮服务经营者和单位食堂在餐
饮食品标示营养标识，至少显示能量、
脂肪与钠含量值，意味着我国消费者今
后能从营养标识了解餐饮食品的一些营
养信息。

图 4-1 "健康选择"标识

图片来源：T/CNSS 001—2018《预
包装食品"健康选择"标识规范》。

三、我国食物营养标签发展与美国的差距

我国营养标签近 5 年发展迅速，不仅开启实施 FOP 标签，在餐饮
食品正式应用营养标签，且营养成分表历经数次修订不断完善。然而，
与美国相比，我国营养标签尚处于摸索阶段，在标示营养素、标示方
式、适用范围等方面存在差距。

（一）尚未进行营养标签立法

营养标签立法可以明确政府对营养标签实施的职能和责任，对改善
居民营养状况有重要作用。早在 1990 年，美国国会通过《营养标签与
教育法》，并由布什总统签署为法律，规定了营养标签需要包含的基本
内容，以及确定了营养标签是改善居民饮食行为和营养状况的计划行动
与食品生产企业的义务，并明确了 FDA 为执法部门。《营养标签与教育
法》与《学校午餐法》《儿童营养法》《膳食补充剂卫生与教育法》等一
并构成美国营养法律体系，其立法经验值得我国借鉴。我国营养标签没
有专门的法律，主要通过国家标准（如 GB 28050—2011）强制实施，
且营养相关法律迟迟尚未颁布，不仅未能从法律上保护消费者获取准确
营养标签信息的权利，而且未能给相关营养标签案件审理提供法律
依据。

（二）尚未在生鲜农产品实施营养标签

生鲜农产品是指未经加工或只经过清洗、分拣、分割等少量初加工，在常温下不易长期保存的初级农产品，包括水果、蔬菜、肉蛋奶以及水产品（昝梦莹等，2020）。美国生鲜农产品营养标签起步早，且标签类型多，早在1995年，美国实施的心脏检查标志适用性广，可应用于蔬菜、水果等生鲜农产品，此外，还有2006年、2010年实施的指引星标签和NuVal评分标签。随着我国生鲜农产品市场需求的不断增加，消费者越加关注生鲜农产品的营养价值，但我国尚未在生鲜农产品领域启动营养标签，仅在预包装食品、餐饮食品实施。在我国，居民对生鲜农产品的需求旺盛，但在实践中，缺乏营养标签引导消费者选择营养价值高的生鲜农产品，一方面，我国GB 28050—2011《预包装食品营养标签通则》对生鲜食品（如包装的生肉、生鱼、生蔬菜和水果、禽蛋等）豁免强制标示营养标签；另一方面，中国营养学会实施的"健康选择"标识仅适用于预包装食品。

（三）尚未在营养成分表强制标示丰富的营养成分信息

在消费者眼中，食品营养信息的透明度尤为重要。美国是营养事实标签强制标示核心营养成分最多的国家，无论是旧版的"1+13"还是新版的"1+14"，展示的营养信息不仅有助于消费者充分了解食品的营养成分价值，而且为指引星标签、正面事实标签等FOP标签的营养评价标准提供设计依据。相比之下，我国现行的营养成分表仅强制标示能量与4个核心营养素信息，虽然第二轮《预包装食品营养标签通则（征求意见稿）》将饱和脂肪酸、糖列为新增强制标示内容，比修订前有了实质性进展，但与美国相比，标示的营养成分信息仍然不足，难以为FOP标签设计提供充分依据。

（四）尚未在膳食指南广泛宣传营养标签

美国居民膳食指南从1995年开始提及营养标签使用建议，而且通过开设专题细致解释营养事实标签作用、使用方法与误区的必要性，细化食物种类与人群，有针对性地推荐居民使用营养标签，强化了营养事实标签的宣传。相比之下，我国膳食指南对营养标签的使用建议较晚，直到 2016 年首次开展营养标签科普，倾向于介绍营养成分表、营养声称、营养成分功能声称的重要性，但缺乏对营养标签阅读技巧、营养标签专业术语进行清晰阐释以及缺乏向不同人群建议营养标签的日常使用。

（五）尚未利用信息技术增强营养标签使用价值

随着世界进入数字经济时代，信息技术被广泛应用于人们的饮食管理。美国的营养标签不再停留在纸质媒介，而是开启电子化信息。例如，营养事实标签与美国的"我的餐盘"手机应用程序相结合，为居民提供精准营养指导；指引星认证企业将指引星标签应用于网购平台。虽然我国一些学者倡导营养标签信息技术化（如设计一款手机应用程序），但目前的营养成分表和"健康选择"标识仍停留在纸质媒介，相关的信息技术尚未正式应用。

（六）尚未将 FOP 标签推向国际，世界影响力不高

美国的营养标签已逐步走向国际，如指引星标签的营养评价标准已获得加拿大专利并在当地广泛推行。相比之下，我国营养标签尚未国际化，仅根据《中华人民共和国食品安全法》的规定要求进口食品将营养标签信息翻译为中文。而且，"健康选择"标识仅应用于国内销售的预包装食品，未在国外申请"健康选择"标识营养评价标准专利，弱化了在世界的宣传推广。

（七）尚未开启企业 FOP 标签认证

美国 FOP 标签实施主体多元化，不仅有非营利性社会组织，而且还鼓励企业开展 FOP 标签认证。例如，企业认证的指引星标签、Nu-Val 评分标签为消费者提供了一个衡量食物营养价值的便捷工具，且应用范围广，这对加快 FOP 标签推广有重要作用。目前，我国现行的 FOP 标签仅是中国营养学会主导实施的"健康选择"标识，认证主体单一，尚未开放 FOP 标签认证市场。

四、本章小结

本章通过总结美国营养标签的发展特征，梳理我国营养标签的演变规律以及揭示中美两国营养标签的发展差距，发现营养事实标签与FOP标签相互弥补不足，营养标签趋于电子信息化与国际化，为居民饮食提供更多决策支持以及在其他国家推广应用。我国从1987年起尝试实施营养标签，通过发布若干相关标准、规定与政策，推动营养成分表向修订完善与强制标示转变，且使营养标签向FOP标签、餐饮食品营养标识转变。然而，与美国相比，我国营养标签仍处于起步阶段，在标示营养素、标示方式、适用范围等方面存在差距，例如，营养标签立法迟迟未开展，尚未在生鲜农产品实施营养标签，没有在营养成分表强制标示更多营养成分的信息，未在居民膳食指南广泛宣传营养标签，缺乏使用信息技术增强营养标签使用价值，尚未将FOP标签推向国际以及开启企业FOP标签认证。

第五章　结论与发展对策

本书的引言提出研究背景、科学问题及研究内容。第二、三章节梳理了美国新旧版营养事实标签与 5 种 FOP 标签（心脏检查标志、指引星标签、明智选择计划标签、NuVal 评分标签、正面事实标签）的特征。第四章节总结了我国营养标签的发展趋势及现阶段的美国经验。本章旨在梳理研究结论，提出未来我国营养标签的发展对策。

一、研究结论

本书基于美国营养标签官方网站资料，围绕"知彼"（美国营养标签实践经验）、"知己"（我国营养标签发展现状与发展差距）以及"建议"（我国营养标签改善方案）三大部分进行系统分析，得出如下研究结论：

第一，新版营养事实标签基于美国居民营养状况变化与未来需求，在强制标示的营养成分信息、标签格式、每日推荐摄入量百分比等方面做了调整，删除来自脂肪的能量、维生素 A、维生素 C 的信息以及增加了钾、维生素 D 信息，更新部分营养成分的每日摄入量、食用分量以及修改标签格式，比旧版营养事实标签获得更好的实施效果，让消费者关注信息与改善饮食习惯，但仍存在不能有效使用添加糖信息等难题。此外，美国居民膳食指南从 1995 年开始增加营养标签使用建议，比我国更重视营养标签宣传。

第二，1995 年美国心脏协会主导实施的心脏检查标志是美国首个FOP 标签。总体上，FOP 标签的实施主体多元，既有非营利性社会组织（协会、学会）又有企业，且在生鲜农产品、预包装食品以及菜品应用，适用性广。美国 FOP 标签以总结指示体系为主，既有阈值法的心脏检查标志、明智选择计划标签，又有评分法的 NuVal 评分标签与评级法的指引星标签，且营养评价标准公开透明与保持动态更新。同时，指引星标签、NuVal 评分标签显示产品价格，便于消费者选购性价比高的食物。虽然美国 FOP 标签的实施效果较好，受到多数居民的认可和信任，但由于美国政府曾对 FOP 标签认证资质规定过于宽松且缺乏有效的监管，明智选择计划标签因滥用认证而被 FDA 停止使用。

第三，美国的营养标签适用性广，实施主体多元，营养事实标签与 FOP 标签互相弥补不足，营养标签初现电子信息化与国际化。1987 年我国规定营养标签的标示内容，至今发布了十多个国家标准与政策，具有由营养成分表向修订完善与强制标示转变，营养标签向 FOP 标签和餐饮食品营养标签启动实施转变等演变规律。然而，与美国相比，我国营养标签发展差距明显，由于发展缓慢，在标示营养素、标示方式、适用范围等方面存在不足，尚未进行营养标签立法，未在生鲜农产品实施营养标签，没有在营养成分表强制标示丰富的营养成分信息，还没在膳食指南广泛宣传营养标签，缺乏使用信息技术增强营养标签使用价值，以及未将 FOP 标签推向国际以及开启企业 FOP 标签认证。

二、发展对策

我国营养标签后发优势强劲，但由于中美国情不同，我国营养标签发展并不能照抄照搬美国经验，而应循序渐进地推进制度改革，探索与我国经济、社会、文化相匹配的发展模式。营养标签制度更加细化、严谨、利民是今后改革的重要方向，本书围绕未来我国可能遇到的发展变化提出发展对策：

（一）提高营养成分表的价值

第一，新增与营养健康密切相关的营养成分信息，为 FOP 标签设计提供支撑。建议我国的营养成分表再新增与人体健康密切相关的营养成分（如膳食纤维、反式脂肪酸、胆固醇、维生素 C）信息，为我国探索特定营养素体系（如美国正面事实标签）、总结指示体系（如美国的心脏检查标志、指引星标签、NuVal 评分标签）以及混合型的 FOP 标签（如美国的明智选择计划标签）创造条件。

第二，根据国民营养健康变化适度调整营养成分表的信息格式。《中国居民营养与慢性病状况报告（2020 年）》报告显示，我国居民总体上存在高盐高油高糖摄入风险，虽然我国在《预包装食品营养标签通则》（征求意见稿）提及新增饱和脂肪酸与糖等强制标示营养成分信息，但为了让消费者更容易了解这些营养信息，发挥营养标签的"三减"引导作用，建议我国营养成分表对饱和脂肪酸、糖、钠三个营养成分的信息内容（已有加黑规定）增大字号或加粗以突出重要性。

第三，开发居民膳食宝塔手机应用程序，结合营养成分表提供精准营养指导。我国现行营养成分表的标示内容与中国居民膳食宝塔的平衡膳食要求完全脱钩，而且中国居民膳食宝塔只适用于普通健康人群，尚未兼容营养成分表信息，难以做到个性化指导。因此，建议根据中国居民膳食宝塔的平衡膳食原则设计应用程序，方便消费者根据个人情况了解膳食需求，且能与营养成分表相结合，让消费者从平衡膳食出发选购合适的预包装食品。

（二）提高 FOP 标签的适用性

第一，设计营养评价信息与价格一体化的 FOP 标签，方便消费者选择性价比高的食物。为了让价格敏感的消费者在选购食品时比较价格与营养价值，建议借鉴美国指引星标签和 NuVal 评分标签的设计经验，对预包装食品、生鲜农产品、餐饮食品实施 FOP 标签时，探索产品价格和营养价值信息相结合的标签格式。

第二，根据国民营养需求，适时调整 FOP 标签营养评价标准。美国的 FOP 标签评分算法一直根据居民营养需求变化做出动态调整。建议我国的"健康选择"标识根据《中国居民膳食指南》与最新版的《中国居民营养与慢性病状况报告》，在践行"三减"（减盐、减油、减糖）行动宗旨的同时，针对我国居民对全谷物、深色蔬菜、水果、奶类、鱼虾类和大豆类普遍摄入不足的情况，建议考虑膳食纤维、钙、铁等鼓励性营养成分和蔬菜、水果、全谷物等鼓励性食物组，调整营养成分/食物组及其权重，设计更佳的营养评价标准，并为生产商调整食品配方提供1~2年的过渡期。

第三，积极开展宣传教育，提高消费者对FOP标签的使用积极性。"健康选择"标识离不开消费者的认识和了解。如果消费者对标识的相关知识与作用有充分的了解，并愿意接受和使用，则能充分发挥标签的引导作用。因此，开展多形式的FOP标签知识科普以及广泛宣传营养标签作用，制定专门的使用指南，将有助于增强消费者的FOP标签使用意识。

（三）推进实施生鲜农产品营养标签

第一，以生鲜超市为抓手，分步推进生鲜农产品FOP标签实施。生鲜超市具备比较齐全的生鲜农产品种类、比较稳定的农超对接供应渠道、较高的农产品标准，以及加贴标识的经营场所等优势。国际经验表明，运用于生鲜农产品的FOP标签主要在生鲜超市实施，且随着农产品零售业态升级，生鲜超市逐渐成为居民购买生鲜农产品的主要渠道。因此，我国推行生鲜农产品FOP标签可分步实施，首先鼓励大型连锁生鲜超市，如盒马鲜生、家乐福、物美实施生鲜农产品FOP标签，然后根据标签实施效果（如不同产品销量、消费者评价）进行评估与完善，再推行到中小型生鲜超市，最终实现生鲜超市全覆盖。

第二，完善生鲜农产品营养成分数据库，提高FOP标签的引导作用。营养成分数据是FOP标签制定与监管的依据，广泛的食物类别越能发挥FOP标签的引导作用。中国疾病预防控制中心营养与健康所从1952年起开始编制《中国食物成分表》，至今已出版到第六版，收录了1 110余条植物性食物与3 600条动物性食物的营养成分数据。然而，当前我国经常食用的生鲜农产品种类及其亚类繁多，远远超出《中国食物成分表》的收录范围。而且，随着我国生鲜农产品新品种开发和培育进程加快，原有农产品的营养成分结构已发生变化，原先的食物成分数据需要进行更新，加上最新版的《中国食物成分表》记录的营养成分仍不够齐全，还缺乏溶性膳食纤维、维生素 B_{12} 等数据，对设计 FOP 标签营养评价标准带来困难，影响了同类食物间的营养价值比较。因此，有必要在《中国食物成分表》已有数据基础上，从食物亚类和营养成分两方面扩充数据量，尽量丰富生鲜农产品的营养成分数据。

第三，结合实际设计生鲜农产品 FOP 标签营养评价标准。发达国家的生鲜农产品 FOP 标签营养评价标准是根据居民饮食习惯变化与国民健康状况进行设计。我国居民肉类摄入偏多，但深色蔬菜、水果、奶类、鱼虾类等生鲜农产品普遍摄入不足，加上营养健康问题已发生变化，从早期的营养不良演变为现今的超重肥胖与"三高"风险，对此，我国生鲜农产品 FOP 标签营养评价标准设计要结合实际，以调整生鲜农产品消费结构，促进居民营养均衡。

（四）放开企业 FOP 标签认证权限，营造良好的认证环境

目前，我国已逐步放开 FOP 标签市场认证，例如，2021 年 7 月，全球绿色联盟（北京）食品安全认证中心（Global Green Union，GGU）是我国首家在国家市场监督管理总局完成《全谷物食品认证实施规则》和《全谷物食品认证标志》备案的第三方独立认证机构，主要推行全谷物食品认证标志。吸取美国明智选择计划标签的失败教训，建议我国政府做到以下几点：

第一，完善监管机制，规范企业行为。为有序发展 FOP 标签认证市场，避免 FOP 标签社会公信力弱化，规范企业的 FOP 标签认证，一是引导企业以食品营养成分表的营养信息与中国居民膳食指南的关键推荐为依据设计统一的营养评价标准；二是建立 FOP 标签备案与监管机制，对认证的 FOP 标签及应用的产品进行备案与监督检查；三是设立认证 FOP 标签退出机制，维护 FOP 标签权威性。

第二，成立 FOP 标签认证协会，展开行业自律。我国 FOP 标签认证资质已经放开，除了加强政府监管，还需要开展行业自律，让获得资质的企业相互监督和约束，共同维护整个行业的权威性。因此，我国应

引导成立 FOP 标签认证机构协会，不仅要求成员企业遵守与执行 FOP 标签标准与法规，而且制定 FOP 标签实施行规制约各个企业的认证行为。

第三，建立有效的消费者投诉举报处理机制。虽然认证企业会收集和处理消费者的投诉与建议，但单纯依靠企业改善与市场机制的自我调节，可能会使 FOP 标签整体运行效率下降。鉴于 FOP 标签的公共健康属性，我国政府要同时开辟消费者投诉举报渠道，建立消费者投诉处理机制，及时发现和纠正 FOP 标签认证市场可能存在的问题。

（五）放开 FOP 标签认证，企业进军该领域要做好各种准备

第一，企业要保护 FOP 标签营养评价标准知识产权。营养评价标准是 FOP 标签的内核。指引星认证企业在美国与加拿大均对指引星标签的营养评价标准申请了专利，保护了自主研发成果。如果我国企业获得 FOP 标签认证资质，则要具备知识产权保护意识，在向社会公开营养评价标准之前，对自主或委托开发的评价标准在第一时间申请专利，防止自有成果流失。

第二，企业要持续更新营养评价标准，提高标签信息的准确性与可信度。美国指引星认证企业与时俱进，不断吸纳新的营养共识、政策以及科学发现，重新审视和更新营养评价标准。因此，我国企业要根据最新修订的中国居民膳食指南、营养成分表以及最新权威的营养知识调整 FOP 标签营养评价标准，坚守标签信息客观真实原则，不弄虚作假，致力于维护整个社会 FOP 标签认证的品牌和口碑。

第三，企业要重视标签社会宣传，尤其要抓好娃娃教育。美国 FOP 标签的宣传教育显具特色，例如，指引星标签认证企业针对儿童的标签知识教育既多样又有趣，值得我国学习借鉴。由于营养标签知识教育缺乏，我国居民尤其是儿童群体尚未养成查看营养标签选择食品的良好习惯。除了国家主导的营养标签宣教渠道外，未来我国拥有营养标签认证的企业可将市场需求培育与儿童营养标签知识宣教有机结合，探索各种有趣、新奇、高效的儿童启蒙教育，尝试成为政府、非营利性社会组织外的第三类营养标签知识宣教主体。

三、研究不足与展望

本书以美国的营养事实标签与 FOP 标签的发展经验为研究对象，虽然为定性研究，但受限于美国公开的官方数据与文献资料，得出的研究结论尚不能真实反映美国营养标签发展的实际情况，主要有如下 3 点研究不足与展望：

（一）缺乏对美国营养标签制度的梳理研究

本书仅对美国《营养标签与教育法》的营养事实标签与新版营养事实标签的异同点开展分析，而缺乏梳理和总结美国 1906 年发布《纯净食品与药品法》以来的营养标签制度演变规律，未能对比中美两国营养标签制度演变的阶段特征，缺少对美国营养标签发展特征的深入剖析，在一定程度上影响了美国营养标签的客观判断和认识。

（二）缺少对美国健康声称开展探讨

营养声称（对食品营养特性的描述和声明，如能量水平、蛋白质含量水平；营养声称包括含量声称和比较声称）、营养成分功能声称（某营养成分可以维持人体正常生长、发育和正常生理功能等作用的声称）是我国营养标签的另一个组成部分。早在 2007 年，我国颁布《食品营养标签管理规范》首次规定了国内销售的预包装食品标示营养声称、营养成分功能声称的信息内容，并于 2011 年 10 月出台 GB 28050—2011《预包装食品营养标签通则》正式确定了营养声称、营养成分功能声称的国家标准。在美国，健康声称（Health Claim）与我国的营养声称、营养成分功能声称类似，美国 FDA 在 1990 年的《营养标签和教育法》对健康声称进行阐述，并规定了 8 种合法采用的健康声称。但由于美国官方对健康声称的相关报道不多，且健康声称是非强制性标示内容，故本书缺乏该内容的详细阐述和经验总结。

（三）缺乏对美国更多 FOP 标签开展案例研究

美国开放 FOP 标签认证市场，现行的 FOP 标签超过 10 种。除了上述介绍的 5 种 FOP 标签外，还有食品零售商实施的 Wellness Keys 标签与 Giant Food 健康理念标签；食品生产商实施的合理解决方案标签、Smart Spot 标签、Snackwise 标签、ConAgra Start Making Choices 标签以及医院主导实施的 Snackwise 标签。由于多数 FOP 标签的报道较少，难以形成系统的分析框架，所以本书放弃探讨这些 FOP 标签，仅对数据与资料比较充分与准确的心脏检查标志、指引星标签、明智选择计划标签、NuVal 评分标签、正面事实标签开展案例研究。所以，美国其他 FOP 标签的案例研究将成为下阶段探讨的重点之一。

参考文献

曾红颖．美国和日本营养立法情况及对我国的启示［J］．经济研究参考，2005（59）：9－16．

陈晓静．美国最新食品营养标签法规解读［J］．标准科学，2018（7）：35－38．

冯丽娜，方晓华，蔡文韬．国内外食品营养标签制度的比较分析［J］．食品安全导刊，2019（18）：44．

郝鑫浩．营养标签——我国食品出口企业须注意的技术性贸易壁垒［J］．科技信息（科学教研）．2007（29）：169．

黄泽颖．澳新食品健康星级评分系统与经验借鉴［J］．世界农业，2020d（2）：42－49．

黄泽颖．北欧食品 Keyhole 标签系统的做法与启示［J］．农产品质量与安全，2020b（3）：88－91．

黄泽颖．基于 WOS 文献的食品 FOP 标签系统研究知识图谱分析［J］．世界农业，2020f（6）：80－86．

黄泽颖．食品营养标签研究的 CNKI 期刊论文知识图谱分析［J］．职业与健康，2020a，36（18）：2567－2572．

黄泽颖．新加坡食品较健康选择标志系统经验启示［J］．食品与机械，2020c，36（1）：20－23．

黄泽颖．英国食品交通灯信号标签系统经验与借鉴［J］．食品与机械，2020e，36（4）：1－7．

李珊珊．警惕小标签带来的大麻烦——浅析美国对中国食品营养标签的技术贸易壁垒［J］．黑龙江对外经贸，2006（4）：38－39．

李帧玉，刘健．国内外食品营养成分表内容对比与研究［J］．现代食品，2020（16）：128－131．

廖迅．美国食品营养标签改革评述［J］．社会政策研究，2017（8）：31－44．

汤玉环，孙丽红．中美果汁营养标签差异分析［J］．中国食物与营养，2020，26（8）：49－51．

王敏峰，张佳婕. 新版美国营养标签中的"添加糖"探讨 [J]. 食品安全导刊，2018 (6)：35 - 36.

王瑛瑶，赵佳，梁培文，等. 预包装食品正面营养标签分类及特点 [J]. 营养学报，2020，42 (4)：318 - 324.

杨邦英. 出口到美国的食品必须正确标明"营养标签" [J]. 轻工标准与质量，2002 (3)：23 - 24.

杨月欣. 膳食指南的发展和制定原则 [J]. 营养学报，2014，36 (5)：417 - 420.

应飞虎. 我国食品营养标签制度的理论认知与完善建议 [J]. 法学，2020 (2)：83 - 102.

昝梦莹，陈光，王征兵. 我国生鲜电商发展历程、现实困境与应对策略 [J]. 经济问题，2020 (12)：68 - 74.

张伋，张兵，张继国，等. 美国营养法规和政策综述 [J]. 中国健康教育，2011，27 (12)：921 - 923，937.

赵佳，杨月欣. 营养素度量法在食品包装正面营养标签中的应用 [J]. 营养学报，2015，37 (2)：131 - 136.

中国营养学会. 中国居民膳食指南 2016 科普版 [M]. 北京：人民卫生出版社，2016a：14 - 16.

中国营养学会. 中国居民膳食指南 2016 版 [EB/OL]. (2016b - 5 - 1) [2021 - 3 - 21] http://dg. cnsoc. org/article/2016. html.

中华人民共和国中央人民政府. 健康中国行动（2019—2030 年）[EB/OL]. (2019 - 07 - 15) [2020 - 11 - 22]. http://www. gov. cn/xinwen/2019 - 07/15/content _ 5409694. htm.

Abajobir A A，Abbafati C，Abbas K M，et al. Global，Regional，and National Agesex Specific Mortality for 264 Causes of Death，1980 - 2016：A systematic Analysis for the Global Burden of Disease Study 2016 [J]. Lancet，2017，385（9963）：117 - 171.

American Heart Association. Heart - Check Mark. [EB/OL]. (2020a - 12 - 10) [2021 - 1 - 19] https://www. heartcheckmark. org.

American Heart Association. Heart - Check Mark [EB/OL]. (2020b - 12 - 10) [2021 - 01 - 12]. https://www. heart. org/-/media/files/healthy - living/company - collaboration/heart -check - certification/product - list - updated - monthly - 070120. pdf? la＝en.

AzaÏS - Braesco V，Goffi C，Labouze E. Nutrient Profiling：Comparison and Critical Analysisof Existing Systems [J]. Public Health Nutrition，2006，9 (5)：613 - 622.

Bistro M D. NuVal Scores: Nutritional Scoring System [EB/OL]. (2019 - 9 - 21) [2021 - 1 - 19]. http://www. menopausemakeover. com/category/nutrition/.

Blitstein J L, Evans W D. Use of Nutrition Facts Panels among Adults Who Make Household Food Purchasing Decisions [J]. Journal of Nutrition Education & Behavior, 2006, 38 (6): 360 - 364.

Neal B, Crino M, Dunford E, et al. Effects of Different Types of Front - of - pack Labelling Information on the Healthiness of Food Purchases—A Randomised Controlled Trial [J]. Nutrients, 2017, 9 (12): 1284.

Buyuktuncer Z, Ayaz A, Dedebayraktar D, et al. Promoting a Healthy Diet in Young Adults: The Role of Nutrition Labelling [J]. Nutrients, 2018, 10 (10): 1335.

Byrd - Bredbenner C, Kiefer L. The Ability of Elderly Women to Perform Nutrition Facts Label Tasks and Judge Nutrient Content Claims [J]. Journal of Nutrition for the Elderly, 2001, 20 (2): 29 - 46.

Cawley J, Sweeney M J, Sobal J, et al. The Impact of a Supermarket Nutrition Rating System on Purchases of Nutritious and Less Nutritious Foods [J]. Public Health Nutrition, 2015, 18 (1): 8 - 14.

Changes to the Nutrition Facts Label. [EB/OL]. (2021 - 01 - 04). [2021 - 02 - 10]. https:// www. fda. gov/food/ food - labeling - nutrition/changes - nutrition - facts - label.

Choices International Foundation. Choices Programme [EB/OL]. (2014 - 01 - 06) [2021 - 02 - 07]. https:// www. choicesprogramme. org/our - work/nutrition - criteria/.

Christoph M J, Loth K A, Eisenberg M E, et al. Nutrition Facts Use in Relation to Eating Behaviors and Healthy and Unhealthy Weight Control Behaviors [J]. J Nutrition Education Behavior. 2018b, 50 (3): 267 - 274. e1.

Christoph M J, Larson N, Laska M N, et al. Nutrition Facts Panels: Who Uses Them, What Do They Use, and How Does Use Relate to Dietary Intake? [J]. Journal of the Academy of Nutrition and Dietetics, 2018a, 118 (2): 217 - 228.

Collaborators G D. Health Effects of Dietary Risks in 195 Countries, 1990 - 2017: A Systematic Analysis for the Global Burden of Disease Study 2017 [J]. The Lancet, 2019 (393): 10184.

Codex Alimentarius Commission. Codex Guidelines on Nutrition Labeling [S]. CAC/GL 2 - 1985 (Rev. 1 - 1993).

Dumke K, Zavala R, The Controversy Surrounding Smart Choices, The Friedman Sprout [EB/OL]. (2009 - 12 - 2). [2021 - 3 - 27]. http: // friedmansprout. wordpress. com/ 2009/12/02/ the - controversy - surrounding - smart - choices.

Elfassy T, Yi S, Eisenhower D, et al. Use of Sodium Information on the Nutrition Facts Label in New York City Adults with Hypertension [J]. Journal of the American Academy of Nutrition and Dietetics, 2014, 115 (2): 278 - 283.

Emrich T E, Qi Y, Mendoza J E, et al. Consumer Perceptions of the Nutrition Facts Table and Front - of - pack Nutrition Rating Systems [J]. Applied Physiology Nutrition & Metabolism, 2014, 39 (4): 417 - 424.

Erin H, Grace S T, Jocelyn S, et al. Comprehension and Use of Nutrition Facts Tables among Adolescents and Young Adults in Canada [J]. Canadian Journal of Dietetic Practice and Research, 2016, 77 (2): 59 - 65.

FAO, IFAD, UNICEF, WFP and WHO. The State of Food Security and Nutrition in the World 2020. Transforming Food Systems for Affordable Healthy Diets [EB/OL]. (2020 - 07 - 05) [2021 - 3 - 21]. https: // doi. org/10. 4060/ca9692en.

Findling M T G, Werth P M, Musicus A A, et al. Comparing Five Front - of - pack Nutrition Labels' Influence on Consumers' Perceptions and Purchase Intentions [J]. Preventive Medicine, 2018 (106): 114 - 121.

Finkelstein E A, Wenying L, Grace M, et al. Identifying the Effect of Shelf Nutrition Labels on Consumer Purchases: Results of a Natural Experiment and Consumer Survey [J]. The American Journal of Clinical Nutrition, 2018, 107 (4): 647 - 651.

Governo Italiano Ministero dello Sviluppo Economico. Made in Italy: Notificato alla Commissione Ue il sistema di etichettatura 'NutrInform Battery'. (2020 - 1 - 27) [2021 - 1 - 24] [EB/OL]. https: // www. mise. gov. it/index. php/it/per - i - media/notizie/ 2040704 - made - in - italy - notificato - alla - commissione - ue - il - sistema - di - etichettatura - nutrinform - battery.

Graham D J, Heidrick C, Hodgin K. Nutrition Label Viewing during a Food - Selection Task: Front - of - Package Labels vs Nutrition Facts Labels [J]. Journal of the Academy of Nutrition & Dietetics, 2015, 115 (10): 1636 - 1646.

Graham D J, Lucas – Thompson R G, Mueller M P, et al. Impact of Explained v. Unexplained Front – of – package Nutrition Labels on Parent and Child Food Choices: A Randomized Trial [J]. Public Health Nutrition, 2016, 20 (05): 774 – 785.

Guiding Stars Licensing Company. Guiding Stars [EB/OL]. (2021 – 05 – 11) [2021 – 07 – 02]. https://guidingstars.com/.

Health Check TM Program. Canada's Health Check [EB/OL]. (2014 – 01 – 07) [2021 – 2 –19]. http://www.healthcheck.org/page/what – health – check/.

Hess S, Yanes M, Jourdan P, et al. Trans Fat Knowledge Is Related to Education Level and Nutrition Facts Label Use in Health – conscious Adults [J]. Topics in Clinical Nutrition, 2005, 20 (2): 109 – 117.

Hobin E, Bollinger B, Sacco J, et al. Consumers' Response to An On – shelf Nutrition Labelling System in Supermarkets: Evidence to Inform Policy and Practice [J]. Milbank Quarterly, 2017, 95 (3): 494 – 534.

Horn L, Carson J A S, Appel L J, et al. Recommended Dietary Pattern to Achieve Adherence to the American Heart Association/american College of Cardiology Guidelines [J]. Circulation, 2016, 134 (22): 505 – 529.

Institute of Medicine. Examination of Front – of – pack Nutrition Rating Systems and Symbols: Phase 1 Report [M]. Washington, DC: The National Academies Press, 2010.

Jegtvig S. How Smart is the Smart Choices Program? [EB/OL]. (2009 – 9 – 7). [2021 – 3 – 27]. http://nutrition.about.com/b/2009/09/07/how – smart – is – the – smart – choices – program. htm.

Johnson R K, Lichtenstein A H, Kris – Etherton P M, et al. Enhanced and Updated American Heart Association Heart – check Front – of – package Symbol: Efforts to Help Consumers Identify Healthier Food Choices [J]. Journal of the Academy of Nutrition and Dietetics, 2015, 115 (6): 876 – 880, 882 – 884.

Khandpur N, Rimm E B, Moran, A J. The Influence of the New US Nutrition Facts Label on Consumer Perceptions and Understanding of Added Sugars: A Randomized Controlled Experiment [J]. Journal of the Academy of Nutrition and Dietetics, 2020, 120 (2): 197 – 209.

Kim E J, Ellison B, Prescott M P, et al. Consumer Comprehension of the Nutrition

Facts Label: A Comparison of the Original and Updated Labels [J]. Am J Health Promot, 2020, 890117120983128.

Kollannoor - Samuel G, Segura - Pérez S, Shebl F M, et al. Nutrition Facts Panel Use is Associated with Diet Quality and Dietary Patterns among Latinos with Type 2 Diabetes [J]. Public Health Nutrtion, 2017, 20 (16): 2909 - 2919.

Lagoe C. The NuVal Nutritional Scoring System: An Application of the Theory of Reasoned Action to Explain Purchasing Behaviors of Health - promoting Products [C]. National Conference on Health Communication, Marketing and Media 2010 Centers for Disease Control and Prevention. Atlanta, GA: Government Administration, 2010: 21 - 45.

Lichtenstein A H, Carson J S, Johnson R K, et al. Food - intake Patterns Assessed by Using Front - of - pack Labeling Program Criteria Associated with Better Diet Quality and Lower Cardiometabolic Risk [J]. American Journal of Clinical Nutrition, 2014 (99): 454 - 462.

Lim J H, Rishika R, Janakiraman R, et al. Competitive Effects of Front - of - Package Nutrition Labeling Adoption on Nutritional Quality: Evidence from Facts Up Front - Style Labels [J]. Journal of Marketing, 2020, 84 (6): 3 - 21.

Lupton R J, Balentine D A, Black R M, et al. The Smart Choices Front - of - package Nutrition Labeling Program: Rationale and Development of the Nutrition Criteria [J]. The American Journal of Clinical Nutrition, 2010, 91 (suppl): 1078S - 189S.

Marla. "Smart Choices Program" Really not so Smart, Family Fresh Cooking [EB/OL]. (2009 - 10 - 16). [2021 - 3 - 27]. http://www.familyfreshcooking.com/blog/2009/10/16/smart - choices - programreally - not - so - smart.

Melo G, Zhen C, Colson G, et al. Does Point - of - sale Nutrition Information Improve the Nutritional Quality of Food Choices? [J]. Economics & Human Biology, 2019 (35): 133 - 143.

Miller L M S, Cassady D L, Beckett L A, et al. Misunderstanding of Front - Of - Package Nutrition Information on US Food Products [J]. PLOS ONE, 2015, 10 (4): e0125306.

Nestle M. FDA to Research Food Labels, Food Politics [EB/OL]. (2009 - 09 - 07). [2021 - 3 - 27] . http://www.foodpolitics.com/2009/09/fda - to - research - food - labels.

Neuhofer Z，McFadden BR，Rihn A，Wei X，Khachatryan H，House L. Can the Up-dated Nutrition Facts Label Decrease Sugar – sweetened Beverage Consumption？［J］. Economics and Human Biology，2020（37）：100867.

NuVal，LLC. NuVal Attributes Program［EB/OL］.（2020 – 05 – 08）［2021 – 01 – 19］. http：// www. nuval. com/.

Post R E，Iii A G M，Diaz V A，et al. Use of the Nutrition Facts Label in Chronic Dis-ease Management：Results from the National Health and Nutrition Examination Survey ［J］. Journal of the American Dietetic Association，2010，110（4）：628 – 632.

Rahkovsky I，Lin B H，Lin C，et al. Effects of the Guiding Stars Program on Purchases of Ready – to – eat Cereals with Different Nutritional Attributes［J］. Food Policy，2013（43）：100 – 107.

Roberto C A，Bragg M A，Schwartz M B，et al. Facts Up Front Versus Traffic Light Food Labels A Randomized Controlled Trial［J］. American Journal of Preventive Medicine，2012，43（2）：134 – 141.

Roseman M G，Joung H W，Littlejohn E I. Attitude and Behavior Factors Associated with Front – of – Package Label Use with Label Users Making Accurate Product Nutri-tion Assessments［J］. Journal of the Academy of Nutrition & Dietetics，2017：S2212267217314089.

Rosemond T N，Blake C E，Thrasher J F，et al. Eye – tracking Technology Depicts Var-iations in Parents' Attention to Different Front – of – package Nutrition Labels［C］. Healthy Eating in Context Nutrition Center Symposium，2014.

Schor D，Maniscalco S，Tuttle M M，et al. Nutrition Facts You Can't Miss：The Evo-lution of Front – of – Pack Labeling：Providing Consumers With Tools to Help Select Foods and Beverages to Encourage More Healthful Diets［J］. Nutrition Today，2010，45（1）：22 – 32.

State of Connecticut. Attorney General Announces All Food Manufacturers Agree to Drop Smart Choices Logo，‖ Press Release，Connecticut Attorney General's Office［EB/OL］.（2009 – 10 – 29）.［2021 – 3 – 27］. http：// www. ct. gov/ ag/ cwp/ view. asp? A＝2341&Q＝449882.

Sutherland L A，Kaley L A，F Leslie. Guiding Stars：The Effect of a Nutrition Naviga-tion Program on Consumer Purchases at the Supermarket［J］. American Journal Clinical Nutrtion，2010，91（4）：1090S - 1094S.

The Friedman Sprout［EB/OL］.（2009 - 12 - 2）.［2021 - 3 - 27］. http：// friedmansprout. wordpress. com/ 2009/12/ 02/ the - controversy - surrounding - smart - choices.

The Joint Initiative of the Grocery Manufacturers Association and the Food Marketing Institute. Facts up Front［EB/OL］.（2020 - 05 - 08）［2021 - 02 - 13］. http：// www. factsupfront. org/.

Tortora G，Machin L，Ares G. Influence of Nutritional Warnings and Other Label Features on Consumers' Choice：Results from an Eye - tracking Study［J］. Food Research International，2019（119）：605 - 611.

U. S. Department of Agriculture and U. S. Department of Health and Human Services. Dietary Guidelines for Americans，2020 - 2025. 9th Edition. December 2020［EB/OL］.（2020 - 12 - 05）［2021 - 3 - 21］ https：// www. dietaryguidelines. gov/sites/default/files/2021 - 03/Dietary _ Guidelines _ for _ Americans - 2020 - 2025. pdf.

U. S. Department of Agriculture and U. S. Department of Health and Human Services. Dietary Guidelines for Americans，1995［EB/OL］.（1995 - 12 - 05）.［2021 - 3 - 21］. https：// health. gov/sites/default/files/ 2020 - 01/1995％20Dietary％20Guidelines％20for％20Americans. pdf.

U. S. Department of Agriculture. MyPlate Plan［EB/OL］.（2020 - 12 - 10）.［2021 - 02 - 12］ https：/ /www. myplate. gov/.

U. S. Department of Health and Human Services and U. S. Department of Agriculture. Dietary Guidelines for Americans，2000［EB/OL］.（2000 - 12 - 10）.［2021 - 3 - 21］. https：// health. gov/sites/default /files/2020 - 01/DGA2000. pdf.

U. S. Department of Health and Human Services and U. S. Department of Agriculture. Dietary Guidelines for Americans，2005［EB/OL］.（2005 - 1 - 15）.［2021 - 3 - 21］. https：// health. gov/sites/default/ files/2020 - 01/DGA2005. pdf.

U. S. Department of Health and Human Services and U. S. Department of Agriculture. Dietary Guidelines for Americans，2010. https：// health. gov/our - work/food - nutrition/previous - dietary - guidelines/ 2010［EB/OL］.（2010 - 12 - 15）.［2021 - 3 - 21］. https：// health. gov/sites/default/files/ 2020 - 01/ DietaryGuidelines2010. pdf.

U. S. Department of Health and Human Services and U. S. Department of Agriculture. 2015 – 2020 Dietary Guidelines for Americans ［EB/OL］. （2015 – 12 – 05）. ［2021 – 3 – 21］. https：// health. gov/our – work/ food – nutrition/previous – dietary – guidelines/2015.

U. S. Food & Drug Administration. Changes to the Nutrition Facts Label ［EB/OL］. （2021 – 01 – 04）. ［2021 – 02 – 10］. https：// www. fda. gov/food/food – labeling – nutrition/changes – nutrition – facts – label.

Viswanathan M，Hastak M. The Role of Summary Information in Facilitating Consumers? Comprehension of Nutrition Information ［J］. Journal of Public Policy & Marketing，2002，21 （2）：305 – 318.

White M，Barquera S. Mexico Adopts Food Warning Labels，Why Now? ［J］. Health Systems & Reform，2020，6 （1）：e1752063.

Woodbury N J，George V A. A Comparison of the Nutritional Quality of Organic and Conventional Ready – to – eat Breakfast Cereals Based on NuVal Scores ［J］. Public Health Nutrition – Cab International，2014，17 （7）：1454 – 1458.

World Health Organization. Global Strategy on Diet，Physical Activity and Health ［R］. Geneva：WHO，2004.

World Health Organization. Joint FAO/WHO Workshop on Front – of – Pack Nutrition Labelling ［EB/OL］. http：// www. who. int/nutrition/events/2013 _ FAO _ WHO _ workshop _ frontofpack _ nutritionlabelling/en，2013.

图书在版编目（CIP）数据

我国食物营养标签发展对策研究 / 黄泽颖，黄家章
著 . —北京：中国农业出版社，2021.12
ISBN 978 - 7 - 109 - 29002 - 0

Ⅰ.①我…　Ⅱ.①黄… ②黄…　Ⅲ.①食品营养－食
品包装－标签－研究－中国　Ⅳ.①TS206②R151.3

中国版本图书馆 CIP 数据核字（2022）第 004724 号

中国农业出版社出版

地址：北京市朝阳区麦子店街 18 号楼
邮编：100125
责任编辑：闫保荣
版式设计：王　晨　　责任校对：吴丽婷
印刷：北京大汉方圆数字文化传媒有限公司
版次：2021 年 12 月第 1 版
印次：2021 年 12 月北京第 1 次印刷
发行：新华书店北京发行所
开本：700mm×1000mm　1/16
印张：6
字数：100 千字
定价：50.00 元
